KB209536

산만한 우리 아이
초1이 중요합니다

초판 1쇄 발행 2024년 12월 23일

지은이 | 정진희
감수 | 송우진

펴낸이 | 박현주
편집 | 김정화
디자인 | 인앤아웃
인쇄 | 도담프린팅

펴낸 곳 | (주)아이씨티컴퍼니
출판 등록 | 제2021-000065호
주소 | 경기도 성남시 수정구 고등로3 현대지식산업센터 830호
전화 | 070-7623-7022
팩스 | 02-6280-7024
이메일 | book@soulhouse.co.kr

ISBN | 979-11-88915-78-1 03590

ADHD 적기 진단, 적기 치료로 학교생활에 잘 적응하는 방법

산만한 우리 아이 초1이 중요합니다

정진희 지음
감각통합치료전문가 **송우진** 감수

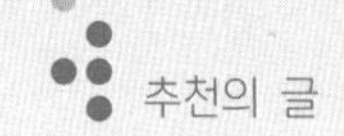

산만한 뇌에서 집중하는 뇌로 바뀌는 티핑 포인트까지 함께 걸으며 기다려주세요

발달센터에는 발달지연이나 발달장애로 인해 감각, 운동, 언어, 인지 자극을 받으러 오는 24개월 전후의 아이들이 많습니다. 그리고 ADHD 성향을 보이는 아이들은 4~5세 정도에 기관 생활을 하면서 어려움이 발견되어 발달센터의 도움을 받기 시작합니다. 진단을 받고 치료를 진행하는 과정이 순탄하지만은 않지만, 적기에 진단과 치료를 받는 아이들은 상당한 호전을 보입니다.

제게 ADHD 치료를 받는 초1 아이는 학교에서 다음과 같은 어려움을 보였습니다.

- 학교 수업시간에 갑자기 크게 소리를 지릅니다. 그 이유를 물었더니 짝꿍이 필기하는 소리가 너무 시끄러워서 그랬답니다.
- 수업시간에 계속 몸을 꿈틀거리면서 손발을 움직입니다. 조용한 교실에서 수업시간 내내 가만히 있기 너무 힘들어서 그랬다고 합니다.
- 수학 단원평가를 볼 때 시험시간 배분을 못 해서 아는 문제인데 손도 대보지 못하고 제출합니다. 그래서 단원평가를 보는 날은 늘 억울하고 속상해합니다.

○ 친구들과 한창 우주 이야기를 하다가 갑자기 스파이더맨이 떠올라 혼자 신이 나 떠듭니다. 같이 얘기하고 싶은데 한 명씩 자리를 뜨는 친구들이 밉게 느껴진다고 합니다.

이 아이는 외부 자극의 우선순위를 매기지 못하여 작은 자극에도 방해를 받고, 행동조절이 어려워 바른 자세를 유지하기 어려우며, 상황에 따라 시간을 배분하는 데 도움이 필요합니다. 주의력 결핍, 과잉행동·충동성이 복합적으로 나타나는 유형으로 무엇보다 친구들과 잘 지내고 싶은데 노력을 해도 잘 되지 않는 상황이었습니다. 이런 경우 어떻게 도움을 주어야 할까요?

우선 ADHD 치료를 진행하기에 앞서 아이가 처한 상황을 이해하고 아이의 마음을 존중해주어야 합니다. 돌진하는 차를 억지로 세우려 하기 전에 과속하는 아이의 마음부터 헤아려야 합니다. 차를 운전하는 주체는 아이 자신이기 때문이죠. 그리고 집중을 하고 싶지만, 집중을 못 하는 이유를 함께 찾아야 합니다.

주변자극에 예민하게 반응하고 충동적이어서 스스로 집중하는 데 어려움이 있었던 이 아이는 약물치료를 기반으로 주의력 향상 치료를 함께한 결과 학교생활이 전반적으로 수월해졌습니다. 특히 이 과정에서 부모가 약 복용량에 따른 아이의 변화된 행동을 세밀하게 관찰하고, 교사의 피드백에 따라 적절한 방법을 적용하여 큰 변화를 끌어낼 수 있었지요.

주의력은 주변의 소음이나 환경의 방해 요소를 무시할 수 있는 힘이고, 집중력은 오랜 시간 동안 몰입하는 힘입니다. 두 가지 모두 학습뿐만 아니라 일상생활을 할 때나 사회적 관계를 맺을 때 필요한 힘으로, 대뇌의 고차원적 인지 기능을 관장하는 전두엽이 담당합니다.

주의력은 조절능력을 기반으로 하는데 환경이 변화할 때마다 유연하게 새로고침을 해야 합니다. 그런데 조절이 어려운 아이들은 주의력에도 어려움이 있습니다. 또한 주의력 부족으로 인해 일상 과제를 수행할 때 초기 진입이 안 되어 제대로 집중력을 발휘하지 못하는 경우가 많습니다. 최적의 주의력과 집중력을 만드는 일은 누구에게나 어려운 일입니다. 특히 집중 회로에 어려움이 있는 아이, 조절능력이 부족한 아이가 최적의 집중력을 만들기는 절대 쉽지 않습니다.

100L 비커에 물을 한번에 채우는 것이 어려울까요, 10mL씩 정확히 나눠서 채우는 것이 어려울까요? 조절능력을 키우는 것은 10mL 주사기로 100L 비커를 채우는 것과 같습니다. 처음엔 끝이 보이지 않지만 꾸준한 노력의 결과가 쌓이면 어느 순간 아이들에게도 극적인 변화의 순간이 찾아옵니다. 그게 바로 아이와 부모, 의료진과 교사, 치료진 모두가 기다리던 '티핑 포인트(Tipping Point)'입니다.

티핑 포인트로 가는 과정에는 많은 기다림이 필요합니다. 그러나 아이의 어려움을 하나씩 직면하여 다루다 보면 눈에 띄지 않는 변화의 순간들이 모여 아이는 단단하게 성장합니다. 그리고 어느 순간, 산만한 뇌가 집중하는 뇌로 바뀌면서 드디어 아이만의 고유한 강점이 보석처럼 빛을 발하게 됩니다.

이 책에는 그러한 과정을 조금 먼저 겪은 선배 부모가 친숙하고 따뜻한 언어로 쓴 사례 중심의 이야기가 잘 담겨 있습니다. 처음에는 예고도 없이 빠르게 걷는 아이를 붙잡으려고 전력 질주를 하던 부모가 어느새 아이의 페이스메이커가 되어 함께 걷는 에피소드로 감동을 줍니다. 그리고 ADHD 아이를 둔 선배맘이기에 할 수 있는 실질적인 조언으로 티핑 포인트를 넘어서 다음 단계로 나아갈 수 있게 도와줍니다. 아이의 질서 있는 하루를 만들기 위해서는 어떻게 하는 것이 좋은지, 스스로 조절하는 힘을 길러주려면 어떤 방법이 도움이 되는지 구체적인 방법론을 체계적으로 정리해서 제시해줍니다.

치료사로서 부모 상담을 하다 보면 표면적인 아이의 증상이나 문제행동으로 인한 어려움보다는 치료 결과의 불확실성에 대한 불안으로 힘들어하시는 경우를 많이 만나게 됩니다. 끝이 정해져 있지 않은 터널을 통과하는 것과 같다며 힘겹게 이어오던 치료를 중단하는 경우도 꽤 있습니다. 그러나 아이와 끝까지 함께 걷기 위해서는 무엇보다 아이에 대한 믿음과 지지가 중요합니다.

주의력과 집중력, 조절능력이 부족한 ADHD 아이들은 자신의 발 크기보다 큰 신발을 신고 헐렁거려서 불편해하거나, 반대로 작은 크기의 신발을 신고 조여서 답답해하곤 합니다. 분명 이 아이에게도 편하게 딱 맞는 신발이 있을 텐데 그 신발을 찾지 못해 헤매는 거죠. 험한 세상을 두 발로 뚜벅뚜벅 헤쳐나가는 데 필요한 기능을 갖추고 있으면서 아이가 좋아하는 스타일을 고려한 안성맞춤 신발을 찾는 데 이 책이 좋은 길라잡이가 될 것이라 믿습니다.

감각통합치료사 송우진

괜찮아요,
거의 다 왔습니다

사실 저는 바쁘다는 핑계로 많은 순간을 놓치고 있었습니다. 10년간 워킹맘으로 일과 두 아이의 임신, 출산, 육아를 병행하다 보니 빠뜨리는 부분이 많았지요. 그래서였을까요? 퇴사 직후 알게 된 아이의 ADHD는 마치 하늘에서 무거운 바위가 가슴에 떨어진 것 같은 충격을 주었습니다. 멈추지 않고 달리던 저에게 하늘이 잠시 멈추라고 보내는 신호 같았지요.

이 글을 읽고 계신 부모님이 '우리 아이가 혹시 ADHD는 아닐까?' 하고 의심하고 계신다면 저보다 훌륭한 양육자입니다. 저는 ADHD의 개념조차 잘 몰랐고, 그저 아이가 산만하다고만 생각했으니까요. '아이의 산만함이 좀 이상하다'라고 생각하는 양육자라면 '아이가 산만해서 힘들다'라고만 생각했던 저보다 훨씬 촉이 뛰어난 양육자입니다. 산만함은 제가 문제 삼지 않았던 부분이었으니까요.

'산만함'은 어수선하고 질서나 통일성이 없다는 사전적 의미를 지니고 있습니다. 하지만 산만함의 정도는 바라보는 사람에 따라 다르게 느낍니다. 어떤 사람은 아이가 정자세로 바르게 앉아있어야 산만하지 않다고 생각하지만, 어떤 사람은 손을 꼼지락거리더라도 말하는 사람을 바라보고 있으면 산만하지 않다고 생각하지요. 아이의 산만함은 그것을 바라보는 어른의 시각에 따라 달라지기에 4~7세 또래의 아이들, 특히 남자아이들의 경우 산만한 것이 오히려 건강한 모습이라고 여기기도 합니다. 하지만 그 산만함이 가족뿐만 아니라 다른 사람들의 눈에도 띄기 시작했다면, 그래서 기관의 선생님에게 조심스러운 조언이나 질문을 받았다면 이제 아이의 행동을 자세히 관찰해야 합니다.

모든 아이에게 초등학교 1학년은 매우 중요한 전환점이지만 ADHD 아이들에게 있어 초1은 놓쳐서는 안될 골든 타임입니다. 학교라는 낯설고 새로운 환경에서 학습뿐만 아니라 친구들과의 사회적 관계에 적응해야 하는 초1은 산만함을 비롯한 ADHD 증상이 더 두드러지게 보이는만큼 적기 진단과 치료가 가능한 시기입니다. 저는 이 책에서 초1이라는 중요한 시기를 지나며 우리 아이가 어떻게 변화했는지, 부모로서 어떤 부분에 중점을 두고 노력했는지를 솔직하게 알려드리고, 그 과정에서 얻은 깨달음과 배움을 독자와 함께 나누려고 합니다.

지금, 이 순간도 의심과 확신 사이를 오가고 있을 독자에게 의사도, 전문가도 아니라 그저 한 아이의 엄마로서 그동안 제가 직접 보고 듣고 겪은 아이와의 경험을 풀어냈으니 가정에서 눈여겨봐야 할 아이의 행동, 선생님께서 말씀하셨던 교실 속 아이의 모습을 함께 살펴보길 권합니다.

이 책은 다음과 같은 순서로 풀었습니다.

1부에서는 아이의 ADHD를 처음 발견하고 진단하는 과정에서 부모님이 느낄 혼란과 불안함을 다루었습니다. 아이가 단순히 '산만하다'라고 느껴지더라도, 그 뒤에 숨은 원인을 찾아야 합니다. ADHD 진단을 마주하는 것이 고통스러울 수 있습니다. 그러나 이는 부모와 아이 모두에게 중요한 첫 단계입니다. 적기 진단과 적절한 치료는 무엇보다 중요하니 힘겹게 느껴질 그 과정을 걸어갈 때 이 책이 좋은 동반자가 되었으면 합니다.

2부에서는 ADHD 아이가 학교에 가기 전에 준비해야 할 것들과 학교에서 잘 적응하려면 어떻게 해야 하는지 다루었습니다. 입학 준비물을 고르는 방법부터 아이의 일과에 따라 수업시간과 급식 시간에 대비하는 방법, 자극을 줄이고 예측할 수 있는 일관된 하루 루틴을 만드는 방법, 원만한 친구 관계를 형성하는 방법 등을 안내합니다. 또한 2022년 개정교육과정에 근거해 가정에서 학습 태도를 정비하고 자기주도성을 키우는 방법을 안내했습니다.

3부에서는 특별한 우리 아이를 위해 가정에서 실천할 수 있는 일곱 가지 방법에 대해 다루었습니다. 먼저, 효과적인 소통의 첫걸음으로 듣기의 기술과 자연스럽게 자기표현을 하는 방법을 살펴봅니다. 이어서, 과잉행동을 차분히 다스리는 훈육의 기술과 긍정적인 행동을 강화할 수 있는 칭찬의 기술을 다룹니다. 또한, 내면의 동기를 높이는 보상의 기술, 원만한 관계를 유지하기 위한 사회성 기술, 그리고 새로운 습관을 가족과 함께 만들어가는 방법까지 다양한 방법을 담았습니다. 가정에서 부모님이 직접 실천할 수 있는 실용적인 방법을 통해 특별한 우리 아이와 더 건강하고 행복한 일상을 만들어갈 수 있기를 기대합니다.

아이에게서 ADHD의 단서들을 마주했을 때 이 책을 펼쳐 나와 같은 선배 엄마가 그 길을 어떻게 헤쳐나갔는지 참고하셨으면 좋겠습니다. 이 모든 순간이 내 아이가 잘 성장하고, 친구들과 원만하게 생활하기 위해서 반드시 헤쳐나가야 할 과정임을 기억해주세요. 조용하게 산만한 아이들, 시끌벅적하게 산만한 아이들, 모두 각자의 방식으로 세상을 탐험하는 중이니 그 여정을 잘 지켜보고 힘을 더해주세요. 무엇보다 ADHD는 누구의 잘못도 아니라는 사실을 잊지 말고, 아이의 행복을 위해 힘차게 걸어나가길 진심으로 응원합니다.

"괜찮아요. 거의 다 왔어요."

같은 길을 조금 먼저 걷고 있는

정진희

1부. 산만한 우리 아이, ADHD일까?

발견

진단

치료

2부. 산만한 우리 아이, 학교 적응은 어떻게?

입학 전

입학 후

학습

3부. 특별한 내 아이를 돕는 방법

1부

산만한 우리 아이, ADHD일까?

발견 / 진단 / 치료

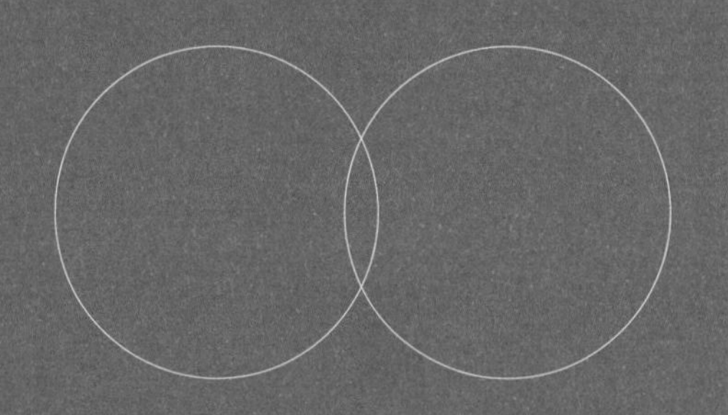

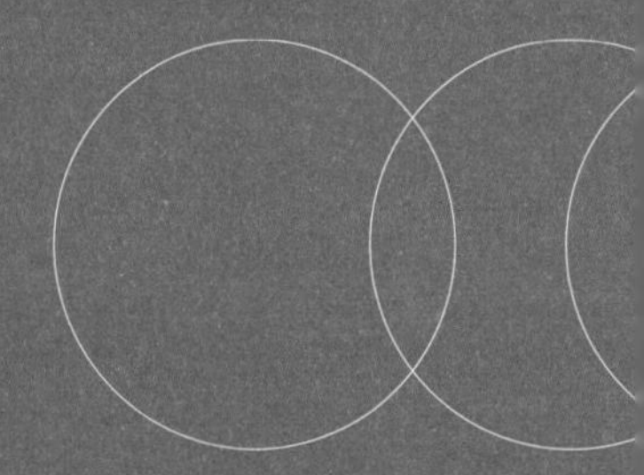

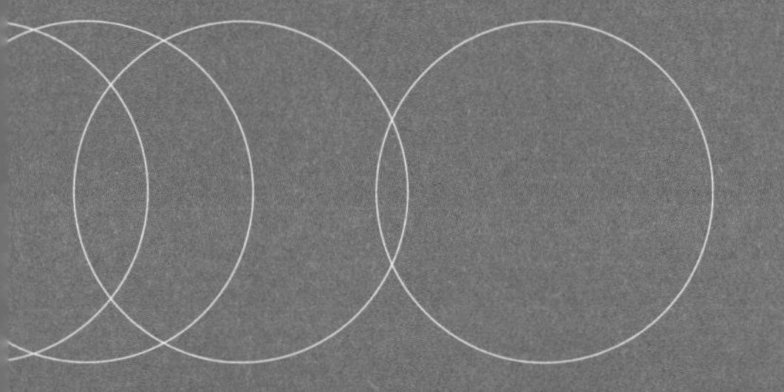

"엄마, 천국도 지옥도 내가 만드는 거야.
엄청 어려웠는데 자꾸 해 보니까 돼."

발견

1. 산만이라도 다 같은 산만이 아닙니다

2. 이런 말은 중요한 단서가 됩니다

3. 부모를 착각하게 만드는 과집중

4. 눈치 없는 사교성에 속지 마세요

5. 누구의 잘못도 아닙니다

6. 이제는 온 가족이 용기 낼 때

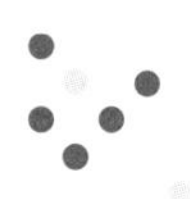

산만이라도
다 같은 산만이 아닙니다

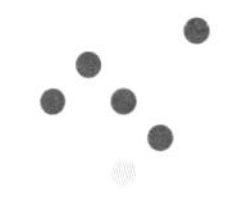

"우리 아이가 ADHD래…."

"아, 그래요…."

직장 동료에게 이 말을 들었을 때 저는 대수롭지 않게 넘겼습니다. 사실 저는 ADHD가 무엇인지 전혀 알지 못했고, 어떻게 반응해야 할지도 몰랐습니다. 실례가 될까 봐 다시 물어보지도 못했지요.

이후 아이의 7세 반 담임 선생님이 제게 "어머니, 혹시 아이가 집에서도 에너지가 넘치나요?"라는 질문을 했을 때는 단지 '아이가 활동적이어서 선생님이 힘드신가 보다' 하고 미안한 마음만 들었습니다. 한 달 후 선생님의 권유에 따라 태권도장에 보내기로 했다는 말을 전할 때도 '지켜보자'라는 선생님의 말씀에 안심했습니다. 그러나 이제 와 생각해보니 그때 선생님이 하신 '지켜보자'라는 대답은 '아이의 행동을 더 자세히 관찰해달라'는 말씀이었을 것입니다.

'ADHD(Attention Deficit Hyperactivity Disorder)'의 정식 명칭은 '주의력 결핍 및 과잉행동 장애'입니다. 이는 발달상 어려움을 겪는 신경발달장애로, 또래 연령을 기준으로 발달 수준을 고려하였을 때 '부주의 또는 과잉행동-충동성이 지속적으로 기능과 발달을 저해하는 상태'입니다.

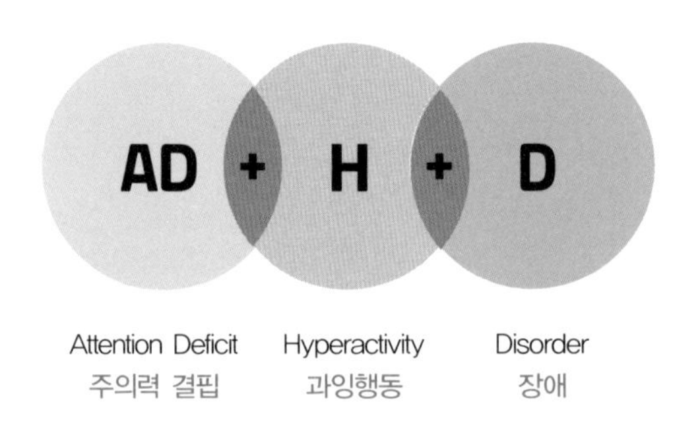

여기에서 '장애(Disorder)'는 '정상범위에서 벗어난 상태'를 뜻하며,'지속적'이라고 함은 부주의나 과잉행동-충동성이 '사회적, 학업적, 작업적 활동에 적어도 6개월 동안 영향을 미치는지'를 의미합니다.

ADHD는 유전적 요인과 환경적 요인의 복합적 영향으로 나타나는데 뇌의 신경전달물질인 도파민과 노르에피네프린의 불균형이나 기능 저하와 관련이 있다고 합니다. 특히 전두엽과 같은 뇌의 특정 부위 발달이 또래보다 2~3년 정도 느리게 진행되는 경향이 있어서 정신건강의학과에서는 이를 '뇌 기능 발달이 느리다'라고도 표현합니다. 결과적으로 ADHD는 뇌의 전두엽 발달이 미숙해 아이의 뇌가 각종 기능을 제대로 실행하지 못하는 장애입니다. 이로 인해 ADHD가 있는 아이들은 자신의 의도와는 상관 없이 주의력 부족과 충동성에 따른 어려움을 겪습니다.

ADHD 적기 진단, 관찰이 중요합니다

만 1~2세 영아기는 일반적인 아이들과 구분되는 ADHD 아이들만의 뚜렷한 특징이 있어 기본적인 소아청소년과의 영유아 검진만으로도 비교적 예후를 알아차리기 쉽습니다. 그런데 만 3~6세 유아기는 부모가 아이의 산만함과 ADHD 연관성을 고려하지 못하는 경우가 많습니다. 이 시기에는 거의 대부분의 아이가 자기중심적으로 세상을 인식하고, 호기심이 왕성하기 때문에 ADHD에 대해 잘 모르는 부모는 산만함이나 에너지 넘치는 행동을 아이의 성장 과정에서 나타나는 발달 과정의 일부로 여기기 쉽습니다.

그러다가 도를 넘은 산만한 행동으로 인해 문제가 불거질 때가 되어서야 유치원이나 학원 교사의 권유로 혹시나 하는 마음에 병원을 방문하는 경우가 많습니다. 실제 정신건강의학과를 방문하는 부모의 80% 이상이 보육(교육)기관을 통해 방문한다고 합니다.

ADHD는 말과 행동으로 어려움이 나타나는 질환이기 때문에 관찰이 무엇보다 중요합니다. ADHD 진단에 있어 가장 중요한 포인트의 하나는 아이가 생활 장소에 상관없이 일관된 행동 특성을 보이는지 여부입니다. 정신건강의학과에서는 ADHD가 의심되면 아이들이 가정 이외의 다른 장소에서도 유사한 행동 특성을 보이는지를 묻습니다. 가령 태권도장에서는 질서를 잘 지키는데 가정에서만 산만하다면 ADHD가 아닌 다른 이유가 있을지 모릅니다. 그러나 가정에서뿐만 아니라 기관과 학원에서도 산만한 행동이 이어진다면 ADHD를 의심해보는 것이 좋다는 뜻입니다.

그러니 아이가 많이 산만하다면 평소 어린이집(유치원)이나 태권도장, 미술학원 등에서 아이와 오랜 시간을 보내는 교사의 말을 주의 깊게 들어야 합니다. 교실에서의 수업 장면은 부모가 꾸준하게 관찰할 수 없고, 객관적으로 파악하기도 어려워 알기 힘드니까요. 또한 ADHD 진단 기준의 항목들이 주로 교육기관과 같이 구조화된 환경에서 잘 관찰될 수 있게 구성되어 있어서 담당 교사의 꾸준한 관찰 소견이 특히 중요합니다.

ADHD는 신경발달장애이기에 적기 진단과 적절한 치료는 ADHD가 성인기까지 이어지지 않도록 예방하는 중요한 요소입니다. 관련 연구에 따르면 ADHD 아이들에게 적절한 치료를 제공하면 정상 아동과의 발달 간극을 줄일 수 있다고 합니다. 하지만 무조건 진단을 서두를 필요는 없습니다. 만 4~5세 이전의 아이들은 발달 단계상 움직임이 많고 산만하며, 충동적인 행동을 보이는 시기이므로 ADHD 특징에 부합하더라도 쉽게 단정짓지 않는 게 좋습니다. 만 4세 이전에 주의력 검사를 받으면 정상적인 발달상에 보이는 주의력 부족인지, 주의력 발달에 어려움이 있는지 구분이 모호할 수 있기 때문입니다.

ADHD는 아이의 전반적인 발달 수준과 연령에 따른 뇌 발달을 고려하여 판단해야 합니다. 그러므로 평소 아이의 행동이 산만하여 주의를 많이 받고 있다면 아이의 행동을 유심히 관찰하다가 만 5~6세에 병원을 찾아 상담하기를 권합니다. 그리고 만약 진단 결과 ADHD로 판명되었다면 부모, 정신건강의학과 전문의, 아동 발달 전문가, 아이 간의 지속적인 소통과 관찰을 통해 발달의 균형을 잘 맞춰나가야 합니다. 혼자서는 걱정되고 두렵지만, 함께 손을 잡으면 새로운 길이 보일 겁니다. 저도 그랬으니까요. 앞으로 이 책에서 다루는 여러 상황을 통해 진단 시기를 놓치지 않고 최선을 다함으로써 아이의 행복과 가정의 안위가 함께하기를 바랍니다.

DSM-5에 따른 ADHD 진단 기준

ADHD의 진단 기준은 미국정신의학회에서 만든 정신질환의 진단 및 통계 편람인 DSM-5(Diagnostic and Statistical Manual of Mental Disorders 5)가 가장 널리 사용됩니다. DSM-4에서는 연령 기준이 7세 이전이었지만, DSM-5에서는 12세 이전으로 ADHD 발병 시기를 좀 더 유연하게 고려하고 있습니다. 증상이 유아기(만 3~6세)에 시작되어 아동기(만 7~12세)에 뚜렷해지기 때문입니다.

DSM-5에 따르면 ADHD 증상은 6개월 이상 지속해야 하고, 두 군데 이상의 환경(집, 학교, 유치원 등)에서 나타나야 합니다.

ADHD는 증상에 따라 주의력 결핍 유형, 과잉행동-충동성 유형, 그리고 두 가지가 함께 나타나는 복합형으로 분류합니다. 다음 행동 항목을 보고 아이의 평소 행동을 떠올리며 체크해보세요.

주의력 결핍 유형 : **부주의로 인한 어려움이 두드러짐**

□ 부주의로 인해 실수가 잦음

□ 과제나 놀이에 집중하는 데 어려움이 있음

□ 대화할 때 주의를 기울이지 못하는 것처럼 보임

□ 지시를 따르지 못하고 과제를 제시간에 완료하지 못함

□ 과제나 활동을 체계적으로 해내는 데 어려움이 있음

□ 지속적인 정신적 노력이 필요한 과제를 피하거나 싫어함

□ 자주 물건을 잃어버림(예 : 책, 연필, 도구)

□ 외부 자극에 의해 쉽게 산만해짐

□ 일상 활동을 자주 잊어버림

과잉행동·충동성 유형 : 행동과 말을 통제하는 데 어려움이 두드러짐

□ 손이나 발을 가만히 두지 못하거나 자리에 앉아있지 못함

□ 정해진 자리에 앉아있어야 할 상황에서도 일어나 돌아다님

□ 상황에 맞지 않게 지나치게 뛰어다님

□ 차분히 놀거나 활동을 하는 데 어려움이 있음

□ 끊임없이 움직이거나 행동함

□ 지나치게 말을 많이 함

□ 질문이 끝나기도 전에 성급하게 대답함

□ 차례를 기다리는 데 어려움을 겪음

□ 다른 사람의 활동을 방해하거나 대화에 끼어듦

유형별로 위의 9가지 항목 중 6개 이상에 해당하면 ADHD가 의심되므로 신속한 검사와 진단이 필요합니다. 만약 4개 이상 해당한다면 학교생활에 적응하는 데 어려움을 겪을 수 있으므로 전문가의 상담을 받는 게 좋습니다.

유아기(만 3~6세) ADHD 아이의 행동 특징

선배맘

#날쌘돌이 #마이웨이 #우당탕탕

- 가만히 앉아있는 것이 어렵고, 차렷 자세를 유독 힘들어해요.
- 재잘재잘 많이 말하고, 말소리가 특이하거나 반복되는 노래를 좋아해요.
- 대화할 때 말하는 사람에게 시선을 고정하지 못해요.
- 다른 사람의 기분을 고려하지 않고 눈치 없이 툭툭 말을 해요.
- 걸을 때 주변을 쳐다보다 잘 넘어지고, 걷는 자세도 팔락거리며 걸어요.
- 형제자매에게 먼저 말로 놀리거나 손으로 건드리고 방해해요.
- 기분이 좋거나 지루할 때 외마디 소리를 꽥 질러요.
- 재밌는 상황이 떠오르거나 기분이 좋으면 참지 못하고 자지러지게 웃어요.
- 구조물 등 다소 높은 곳에서 잘 뛰어내리거나 구조물 사이를 비집고 들어가요.
- 억울한 일이 있으면 울분에 차서 따지고 즉시 해명하려고 해요.
- '만약에 ~하면'과 같은 상상하는 말을 많이 해요(극단적인 표현일 때도 있음).
- 게임에서 이기기 위해 반칙을 하거나 자신에게 유리한 규칙을 만들어요.

ADHD 아이는 선생님께 이런 말을 자주 들어요

선배맘

#꿈틀꿈틀 #내맘대로 #나는1등

- 수업 중 흥얼흥얼, 노래도 아닌 이상한 소리를 자꾸 내요.
- 수업 중 팔다리를 가만히 있지 못하고, 엉덩이가 들썩거려요.
- 책상을 연필 끝으로 두드리거나 손에 들고 있는 것을 물어뜯어요.
- 이동 수업이나 화장실 가는 도중에 다른 반을 기웃거리거나 들어가요.
- 그림을 재빨리 그려놓고, 친구들에게 장난을 걸어요.
- (친구들, 구조물 등에 자주 부딪혀서) 멍이 들었어요, 까졌어요, 삐었어요.
- 조용히 말해야 할 때도 매우 큰 목소리로 말해요.
- (아이들은 싫어하는데) OO이가 어른 같은 말로 웃겨요.
- 책상 서랍에 책이나 물건을 몽땅 쏟아 넣고, 준비물 정리가 안 돼요.
- 제 설명을 듣지 않고 혼자서 활동을 하다 실수하면 와서 도와달라고 해요.
- 상대방의 기분이나 상황을 고려하지 않고 자신의 의견을 불쑥 말해요.
- 항상 가위, 풀 등의 학용품을 빌리러 교탁으로 와요.

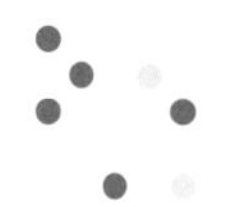

이런 말은 중요한 단서가 됩니다

"그냥 지나가는 일일 뿐이야."

"너무 깊게 생각하지 마."

산만한 아이를 둔 부모는 종종 이런 말을 듣곤 합니다. 저 역시 아이의 행동을 보며 ADHD일까 고민할 때, 제 자신에게 이런 말을 하며 불안을 잠재우기도 했습니다.

하지만 아이가 "하고 싶은데 잘 안 돼요."라는 말을 하던 순간, 큰 충격을 받았습니다. 아이에게는 "안 되는 게 어딨어. 노력이 부족해서지. 다시 해 봐!" 하며 핀잔을 주었지만, 그날 오후, 상담 예약을 위해 전화기를 붙잡고 근처 정신건강의학과 여러 곳에 전화를 걸었습니다. 지금껏 이해되지 않았던 아이의 행동이 일부러 그런 게 아니라는 것과 본인의 의지 밖이라는 사실에 놀라서 더는 회피할 수 없었습니다.

무심코 하는 말에 담겨있는 진짜 어려움을 놓치지 마세요

산만한 아이들이 무심코 내뱉는 말에는 제대로 표현하지 못한 진짜 감정과 어려움이 담겨있습니다. 가령, 저희 아이처럼 "하고 싶은데 잘 안 돼요."라고 말했다면, 이것은 단순한 변명이나 의지 부족의 표현이 아닙니다.

ADHD 아이는 실제로 무언가를 하고 싶어하지만 그게 마음대로 안 되는 상황일 때가 많습니다. 그러니 평소 아이의 산만함이 눈에 띄었다면 아이의 이런 표현을 가볍게 넘기기보다는 왜 그런 말을 했는지, 아이가 겪고 있는 어려움이 무엇인지 이해하려는 노력이 필요합니다. 이는 부모가 아이의 진짜 문제를 파악할 수 있는 중요한 힌트니까요.

저는 그 말을 계기로 아이와 정신건강의학과를 방문해 상담을 받으며 많은 것을 깨달았습니다. 왜 아이가 유치원에서 동생 반에 갑자기 들어가 생쥐처럼 뛰어다녔는지, 왜 평소 기분이 좋으면 이상한 소리를 내는지 말입니다.

정신건강의학과 전문의는 이에 대해 아이가 부모의 생각보다 해야 할 행동과 하지 말아야 할 행동을 잘 알고 있지만, 그 순간 자신을 조절하는 것이 어려운 상황이라고 설명해주셨습니다.

"어머님, '알겠는데 잘 안 돼요.'라는 말은 의지의 문제가 아니라, 기능적 어려움의 표현일 가능성이 큽니다. ADHD가 있는 아이들은 종종 자신이 무엇을 해야 하는지 알고 있음에도 불구하고 그것을 해내는 데 어려움을 겪습니다. 또한, 하고 싶은 말을 끝까지 전달하지 못하거나 말의 흐름을 잃기 쉽습니다. 이러한 어려움은 집중력 부족, 충동 조절의 어려움, 작업기억의 제한 등 다양한 이유에서 비롯될 수 있습니다."

그러니 아이가 자신이 느끼는 어려움을 미숙하지만 가장 솔직한 말로 표현한다면 주의 깊게 들어주세요. 그리고 아이가 스스로 행동을 조절하거나 실행하는 데 어떤 문제가 있는지 파악하고, 필요한 도움을 주어야 합니다. 산만한 우리 아이의 기능적 어려움을 발견하고 빠르게 대처하는 것이야말로 효과적인 치료의 핵심입니다.

ADHD 아이들은 집에서 어떤 말을 자주 할까?

선배맘

ADHD가 있는 아이들은 자신이 겪고 있는 혼란이나 좌절을 직접 표현하지 못하고, 무심코 내뱉는 말로 드러냅니다. 다음은 ADHD 아이들이 가정에서 자주 사용하는 말로, 부모가 아이의 내면 상태를 이해하는 데 중요한 단서가 될 수 있습니다.

충동 조절의 어려움	"알고 있는데 저절로 (말/행동이) 나와요." (차에서 자주) "언제 도착해요? 다 왔어요?" "잘못 말한 거예요." "도저히 못 참겠어요." "딱 이것만 더 할게요."
작업기억 부족	"아, 맞다. 또 까먹었어요." "정말 들은 적이 없어요." "그런 말 한 적 없어요." "그거 어디 있어요?"
과제 수행의 어려움 (실행기능)	"(안) 하고 싶은데 잘 안 돼요." "이거 안 하면 안 돼요? 힘들어요." "뭐부터 해야 할지 모르겠어요." "어떻게 해야 할지 모르겠어요."
과제 완료의 어려움 (시간 관리)	"아직도 해야 돼요?" "벌써 끝낼 시간이에요?" (그림 그린 뒤) "색칠은 나중에 할래요."

어떤가요? 이 말들이 아이가 의지력이 부족해서 핑계를 대거나 투정 부리는 말처럼 느껴지시나요? 그렇다면 다시 한번 그때의 상황을 돌이켜보세요. 아이들이 자주 쓰는 흔한 말이니 그냥 듣고 흘리기 쉬울 수도 있지만, ADHD가 있는 아이라면 아이가 겪고 있는 혼란과 어려움을 잘 나타내는 표현이기도 합니다. 그러니 부모로서 그 말에 담긴 의미를 잘 이해하고, 아이를 적절히 도와주어야 합니다.

이 짧은 말들은 마치 신호등의 노란불과 같습니다. 노란불이 켜진 신호등 앞에서는 곧 빨간불이 될 것을 예상하고 멈추어야 하듯, 아이의 말에 귀 기울이고 마음을 들여다보는 시간을 가져야 합니다.

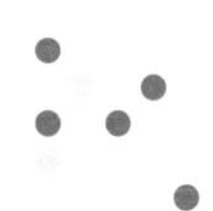

부모를 착각하게 만드는 과집중

아이가 레고 블록 쌓기에 몇 시간씩 몰두하거나 줄넘기 연습을 한다고 종일 놀이터에서 노는 모습을 보면 많은 부모가 '이렇게 집중을 잘하는데 ADHD는 아닐 거야.' 하며 안심합니다. 하지만 어쩌면 의심과 안심 사이는 한 걸음 차이일 수 있습니다. 그리고 이 안심이 종종 부모를 착각하게 만듭니다. 저도 그랬으니까요.

제발 집중력에 속아 안심하지 마세요. 산만한 우리 아이가 특정 활동에 깊이 몰두하는 모습을 집중력으로 해석해버리면, 과집중이 ADHD 아이의 더 큰 문제인 주의력 문제를 가려버릴 수 있습니다.

집중 vs 과집중 : 시소에서 균형 찾기

'몰입(flow)'은 완전히 하나의 활동에 빠져들어 즐거움을 느끼는 상태를 의미합니다. 이 개념을 체계화한 심리학자 칙센트미하이(Csikszentmihalyi)의 연구에 의하면 몰입 상태에서는 시간과 주변 환경을 잊을 정도로 완전히 집중하여 높은 성취를 끌어낼 수 있다고 합니다.

ADHD 아이들도 특정 활동에 몰입할 수 있습니다. 그런데 일반적인 몰입과 차이가 있습니다. ADHD 아이들은 특정 활동에 과하게 집중해서 다른 것을 놓치는 경우가 많습니다. 즉 무언가에 집중하면 식사나 숙제와 같은 일상의 일을 까맣게 잊어버립니다. 이런 상태를 '과집중'이라고 부릅니다.

여기에서 중요한 것이 '균형(balance)'입니다. 가령, 시소는 양쪽의 균형이 맞으면 올라가고 내려가면서 재미있게 탈 수 있지만, 한쪽이 지나치게 무겁거나 가벼우면 멈춥니다. 그러니 아이가 특정 활동에 과도하게 몰입할 때, 다른 중요한 일들을 잊어버리거나 무시하는 경향이 보인다면 잘 살펴주세요. 시소의 반대편에서 적절한 무게를 더하거나 빼는 도움이 필요합니다. 균형 잡힌 시소처럼 산만한 우리 아이의 일상도 균형을 이루어야 합니다.

집중력 vs 주의력 : 진짜 역할을 이해하기

다음 상황을 보고 과연 집중력과 주의력 중 어떤 것에 문제가 있어서 어려움을 겪고 있는지 짐작해보세요.

상황 1

아이가 자연 관찰을 주제로 한 TV 프로그램을 보기 시작하면 꼼짝하지 않고 몰두합니다. 하지만 프로그램이 끝나고 나서도 장수풍뎅이와 노느라 학교 숙제를 시작하기까지 시간이 상당히 오래 걸립니다. 여러 번 재촉해도 쉽게 움직이지 않아서, 결국 늦은 저녁이 될 때까지 숙제를 미루기 일쑤입니다.

상황 2

아이가 학교에서 친구들과 놀 때는 매우 활발하고 모든 규칙을 기억하며 즐겁게 놉니다. 하지만 집에 와서 숙제를 시작하려고 하면 책상에 앉은지 5분도 채 지나지 않아 주위를 두리번거리기 시작합니다. 갑자기 물이 마시고 싶어서 일어나고, 소변이 마렵다고 일어납니다. 막상 숙제를 시작하면 쏜살같이 문제를 풀어내는데 말이죠.

상황 3

아이가 아침에 눈을 뜨자마자 가장 먼저 장난감 기차 세트를 가지고 놉니다. 기차를 조립하고 움직이게 하는 데 몰두하여 시간을 보내느라 등원 준비를 시작하는 데 한참이 걸립니다. 양치질, 옷 갈아입기 등 일상적인 일은 "딱 이것만요." 하는 말과 함께 미루다가 결국 셔틀 시간에 늦기 일쑤입니다.

이런 상황에 익숙하신가요? 이것은 집중력이 높아서 생기는 문제일까요, 아니면 주의력 부족 때문일까요?

모든 상황의 답은 '주의력 부족'입니다. '집중력(concentration)'은 한 가지 과제나 활동에 깊이 몰두할 수 있는 능력으로 주변의 자극이 모두 사라지고 오직 집중하는 대상에만 집중하는 것입니다. 반면 '주의력(attention)'은 어떤 것에 의식을 집중하면서 동시에 불필요하거나 무시해야 할 자극은 의식적으로 차단하는 인지 기능입니다. ADHD 아이들은 자신이 좋아하는 특정 활동에 집중할 수는 있지만, 다양한 과업을 관리하고 상황에 따라 주의를 전환하는 데 어려움을 겪습니다. 그래서 숙제와 같이 주변 자극을 무시하고 해야 할 일에만 집중하는 것이 어렵습니다.

이러한 집중력과 주의력의 차이를 이해하는 것은 ADHD 아이들의 일상을 더 잘 이해하고 도움을 줄 수 있는 중요한 조건입니다.

ADHD 아이에게 부족한 주의 체계

감각통합전문가

우리가 자극에 주의를 기울이기 위해서는 두 가지 주의 체계가 필요합니다. 하나는 자극에 무의식적(자동적)으로 주의를 기울이는 것이고, 다른 하나는 불필요한 자극은 차단하고 중요한 자극에만 주의를 기울이는 것입니다.

예를 들어, 갑자기 휴대폰 벨소리가 들리면 소리 나는 쪽으로 고개를 돌리는 것은 무의식적으로 주의를 기울이는 것입니다. 이것은 의식적으로 통제하기 어렵습니다.

그럼에도 불구하고 이러한 상황에서 하고 있던 과제를 집중해서 끝낼 수 있는 것은 두 번째 주의 체계가 있기 때문입니다. 중요한 자극에 주의를 쏟을 수 있게 하는 주의 체계가 작동하여 주의가 산만해지는 것을 의식적으로 피할 수 있게 합니다.

그러나 ADHD 아이는 이 두 번째 주의 체계가 미성숙하여 불필요한 자극을 차단하기 어렵습니다. 즉 모든 자극에 불이 들어와서 필요하고 중요한 자극에 집중(focus-on)하기 어려운 상황이 발생합니다. 그러므로 ADHD 아이에게는 필요한 것에 집중해야 할 때 두 번째 주의 체계가 작동할 수 있도록 도움을 주어야 합니다.

착각의 함정과 진단 지연

아이와 함께 정신건강의학과에 내원했을 때, 저는 과몰입 상황을 예로 들면서 아이가 꽤 집중력이 있음을 강조했습니다. 집중력과 주의력의 차이를 몰랐기 때문입니다. 하지만 정신건강의학과 전문의는 부모가 과집중과 주의력 결핍에 대해 이해하지 못하면, 아이는 중요한 시기에 필요한 진단과 치료를 받지 못할 수 있다고 말씀하셨습니다. 또, 초등학교 입학 이후 학업이나 사회적 관계에서 어려움을 겪을 가능성도 언급해주셨습니다.

일반적인 부모는 산만한 아이의 과몰입 상황을 보고 '우리 아이 참 기특하네.' 하고 무심코 넘기는 경우가 많습니다. 그러나 이러한 착각은 매우 위험합니다. 아이가 특정 활동에만 과도하게 몰두하는 것은 ADHD의 징후일 수 있으며, 이를 간과하면 진단과 치료 시기를 놓칠 수 있습니다.

정신건강의학과 전문의는 이러한 과집중이 '실행기능 장애'와 관련이 있다고 설명했습니다. 처음에는 실행기능 장애라고 하니 부정적인 어감이 들었지만, 다른 말로 '뇌의 기능적 어려움'이라고 말해주셔서 수용하기 편했습니다.

'실행기능(Executive Function)'은 뇌의 전두엽에서 주로 담당하며 목표 지향적 행동을 설명할 때 사용하는 인지적 개념입니다. 실행기능에 어려움이 있으면 목표를 세우고 이를 단계별로 계획하여 실행하는 과정에서 어려움을 겪으며 충동 조절, 작업기억, 복잡한 문제 해결 능력이 부족합니다. 어떤 것에 주의를 기울이고 기억하여(작업기억) 순서대로 수행해야 하는데 주의 단계가 작동하지 않아서 해야 할 일을 잊어버리고 어떤 것부터 해야 할지 계획을 세우기도 어려워지는 거죠. 앞의 사례들처럼 ADHD 아이들은 단순히 숙제가 하고 싶지 않아서가 아니라 숙제를 하기 위해 필요한 주의 체계가 작동하지 않아서 '하고 싶은데 잘 안 되는 것'입니다.

혹시 지금 '에이, 우리 아이는 괜찮을 거야.'라는 근거 없는 생각으로 자신을 안심시키고 있진 않나요? 이러한 생각은 부모로서 자연스러운 반응일 겁니다. 하지만 착각은 마치 함정과 같습니다. 아이의 행동을 잘못 이해할수록 더 깊은 수렁에 빠지고 말지요. 이 함정은 보이지 않는 곳에서 아이의 발달을 가로막고, 부모의 걸음을 멈추게 만듭니다. 함정에 빠진 아이와 부모는 예상보다 오래 제자리에 머무르게 되고, 지치거나 익숙해져서 그 함정에서 벗어나기 힘들어집니다. 더는 착각이 진단을 늦추지 않도록 아이의 손을 잡고 그 단계를 벗어나세요.

부모의 마음에는 아이의 잠재력을 믿고 싶은 마음과 아이가 보내는 작은 신호들을 놓치지 않으려는 조심스러움이 공존합니다. 하지만 아이의 몰입이나 과집중에 대한 오해가 부모의 판단을 흐리게 할 수 있음을 기억하면 좋겠습니다. 매사에 산만한 우리 아이가 특정 활동에 깊이 빠져드는 모습을 보고 안심하는 사이, 중요한 단서를 놓치게 될 위험이 있기 때문입니다.

이제는 아이의 행동을 제대로 이해해야 할 때입니다. 세심하게 살펴보고, 그 속에 담긴 진짜 의미를 생각해보는 연습이 필요합니다. 아이가 보여주는 사소한 행동에 숨겨진 진짜 문제를 발견하고, 필요한 도움을 필요한 때에 주는 것이 부모님이 아이에게 줄 수 있는 참된 사랑일 것입니다.

눈치 없는 사교성에 속지 마세요

사회성에 대한 고정관념 : 산만한 아들 vs 조용한 딸

한배에서 나왔지만, 우리 집에는 전혀 다른 두 아이가 있습니다. 하나는 적극적이고 산만한 아들이고, 다른 하나는 소극적이고 조용한 딸입니다. 주변에서는 딸이 엄마 뒤로 숨는 모습을 보고 낯가림이 심하다며 병원 검사를 권유하기도 했습니다. 하지만 유치원 선생님은 딸이 "친구들의 마음을 잘 헤아리고 조용히 상대방을 도와주는 친구라 유치원에 나오지 않으면 아쉬운 마음이 들어요."라고 하셨습니다.

반면, 낯선 이에게 다가가 쾌활하게 말을 거는 아들은 어른들 사이에서 재롱둥이로 주목받으며 사교성이 좋다는 칭찬을 자주 들었습니다. 하지만 유치원에서는 문제행동이 잦아 선생님이 자주 한숨을 내쉬셨습니다.

과연 둘 중 누가 사회성이 부족할까요?

사교성 vs 사회성 : 아이는 원래 눈치가 없다?

'눈치'는 한국 사회에서 중요한 덕목으로 여겨집니다. 눈치가 있다는 말은 상대방의 감정, 의도, 상황의 미묘한 변화를 빠르게 인지하고, 그에 맞춰 적절하게 행동하는 능력을 의미합니다. 눈치가 없으면 부적절한 상황에서 농담하거나, 타인의 감정을 상하게 하는 말을 무심코 내뱉는 경우가 잦습니다.

어린아이는 원래 눈치가 없을까요? 천만에요. 어린아이라 해도 부모가 소리 없는 전쟁을 벌이고 있으면 방에 들어가서 나오지 않거나, 울면서 부모에게 다가와 안아달라고 합니다. 이렇게 주변을 신경쓴다는 것이 어린아이에게도 눈치가 있다는 증거입니다. 눈치를 많이 봐서 지나치게 자신을 위축하는 것은 좋지 않지만, 적당한 눈치는 아이가 사회적 상황을 이해하고 사람들과 잘 지내는 데 중요한 역할을 합니다.

ADHD 아이들은 처음 보는 친구에게 먼저 다가가거나 어른들의 물음에 자신 있게 대답하는 모습을 보입니다. 그래서 아무에게나 쉴 새 없이 자신의 이야기를 쏟아내는 아이를 보면 부모는 아이가 사교적이고 활발한 성격 덕분에 사회성도 잘 발달했다고 생각하기 쉽습니다. 하지만 한 걸음 물러서서 살펴보세요. 우리 아이의 얼굴만 즐겁게 상기되어 있고, 맞은편 아이의 표정은 어색하거나 무표정하지는 않은지 말입니다.

'사교성'은 새로운 사람들과 쉽게 어울려 자신의 말이나 행동을 스스럼없이 할 수 있는 성향을 말합니다. 그러나 '사회성'은 단순히 사람들과 어울리는 능력을 넘어, 타인에 대한 배려와 인식을 포함하는 더 넓은 개념입니다. 겉으로는 활발해 보일지라도 상대방의 감정이나 맥락과 무관하게 충동적인 말과 행동을 한다면 사회성이 부족한 것입니다.

눈치 없는 행동을 단순히 '아이답네.', '아직 어려서 그래. 크면 나아질 거야.'라고 생각하는 것은 안일합니다. 한국 사회에서 '눈치'라고 불리는 이 덕목은 사회성의 핵심입니다. 산만한 우리 아이의 사회성이 자연스럽게 발달하기를 기대하는 것만큼 위험한 착각도 없습니다.

ADHD 아이들의 사회성은 선천적인 기질에 더해 신경적인 부분에서 기인하는 경우가 많습니다. 그러나 부모님이 낙담할 필요는 없습니다. 사회성은 후천적 노력과 다양한 경험을 통해 충분히 개선될 수 있으니까요.

기질과 성향에 감춰진 사회성이 중요합니다

과잉행동을 하는 아이의 경우, 조금만 주의를 기울이면 사회성 발달을 점검할 수 있습니다. 그러나 조용하고 내성적인 아이라면? 사교성과 사회성을 혼동하는 것만큼, 아이의 기질과 성향을 사회성으로 오해하는 때도 많습니다. 아래 사례를 살펴보세요.

사례 1

민수는 내성적인 성향이어서 새로운 친구에게 말을 걸지 않습니다. 같은 유치원 친구가 아니라면 놀이터에서 만난 친구가 말을 걸어오는 것도 싫어합니다. 새로운 장소에 가면 섣불리 뛰어나가 놀지 않고 주변을 한참 관찰한 후 놀이를 시도합니다. 그런데 유치원 친구가 어려움을 겪으면 먼저 다가가 도움을 주고, 갈등 상황에서도 상대방의 입장을 잘 이해해 중간에서 문제를 해결하기도 합니다. 선생님은 민수를 조용하지만 믿음직한 친구라고 평가합니다.

민수는 내성적인 성향이지만 사회성이 잘 발달한 경우입니다. 같은 유치원에 다니지 않는 친구에게 마음을 내어주지 않는 이유는 사회성이 없어서가 아니라, 낯선 상황이나 새로운 사람들에게 쉽게 마음을 열지 않는 신중한 성향 때문입니다. 내성적인 성향과 사회성은 별개의 개념으로, 민수는 익숙한 관계에서는 배려심과 이해력을 발휘하며 사회성이 잘 발달한 모습을 보여줍니다.

사례 2

소연이는 민수와 마찬가지로 내성적인 성향입니다. 친구들과 어울릴 때면 대화를 잘 따라가지 못해 상황과 어울리지 않는 갑작스러운 말을 합니다. 또 상대방의 감정을 이해하지 못해 어색한 상황을 만들기도 합니다. 친구가 무언가를 부탁할 때도 소연이는 자기 생각에 집중하느라 상대방의 요청을 잘 알아차리지 못합니다. 선생님은 소연이를 조용하지만 상호작용에 어려움을 겪는 아이라고 평가합니다.

소연이는 민수처럼 내성적인 성향이지만 사회성이 잘 발달하지 않은 경우입니다. 흔히 '조용한 ADHD'라고 불리는 주의력 결핍형 ADHD이지요. ADHD 진단을 받는 아이 넷 중 하나가 이러한 주의력 결핍형 ADHD라고 합니다.

조용한 ADHD에 속하는 아이들은 각성도가 낮아서 외형적으로는 문제 행동이 적어 보일 수 있지만, 주변 자극에 주의를 기울이지 못하고 느릿느릿 반응하며 주의를 유지하기 어려워합니다. 또, 상대의 감정 신호를 잘 파악하지 못해 사회성 발달도 부족하지요.

이처럼 내성적인 성향인 경우, 기질 문제에 가려져 사회성 발달을 점검하기 어려울 수 있습니다. 성향이 어떠한지보다 중요한 것은 아이가 타인의 감정과 상황을 이해하고, 맥락에 맞는 말이나 행동을 하는지입니다. 다시 말해서 사회성은 아이의 성격을 종합적으로 이해하고, 타인과의 상호작용에서 배려와 인식을 얼마나 잘 발휘하는지를 보고 평가해야 합니다.

사회성은 가정에서도 기를 수 있습니다

앞의 사례를 보고 혹시 내 아이가 떠오르셨나요? 친구가 기분이 좋지 않은데도 이를 눈치채지 못하고 장난을 치거나, 상대방의 말을 듣기보다는 자기 이야기를 먼저 하는 그런 모습이요.

그런 상황이 자주 발생한다면 우리 아이에게 부족한 사회적 기술은 무엇인지를 이해하고 개선하기 위한 연습이 필요합니다. 예를 들어 '주의 깊게 듣기, 지시와 규칙 지키기, 결과 수용하기, 또래 대화에서 적절한 반응하기, 차례 지키기, 갈등 해결하기, 감정을 알아차리고 표현하기' 등은 모두 유아동기 아이들에게 필요한 사회적 기술입니다.

이제 더는 사교적이라는 이유만으로 사회성이 있다고 착각해서는 안 됩니다. 아이가 타인과의 관계에서 상대를 얼마나 배려하는지, 사회적 규범을 잘 이해하고 행동하는지를 주의 깊게 살펴야 합니다.

사회성은 아이가 성장해 어른이 되고 사회에서 사람들과 관계를 맺으며 살아가는 데 꼭 필요한 역량입니다. 다행히 사회성은 태어날 때부터 타고나는 것이 아니라 길러지는 것으로 가족 구성원 간의 일상적인 대화와 소통을 통해 자연스럽게 발달할 수 있습니다. 그러니 아이가 사회성 발달에 어려움을 겪고 있다면 아이의 타고난 기질과 성격을 파악하고 부모가 가정에서 진짜 사회성을 키워주려는 노력을 기울여야 합니다.

이때 아이의 사회성이 부족하다고 느껴 무조건 새로운 사람과 환경에 노출하는 우를 범하지 않아야 합니다. 친구가 많아야만 사회성이 좋은 것은 아니니까요. 외려 혼자 있는 것을 선호하는 성향이라면 낯선 사람과 환경에 맞닥뜨릴수록 안으로 움츠러들 수 있습니다. 가정에서 사회성을 키우는 방법에 대해서는 3부 사회성 기술 편에서 더 자세히 다루도록 하겠습니다.

기질과 성격에 대한 이해

아동심리치료 전문가 최은정의 《육아 고민? 기질 육아가 답이다!》(소울하우스)에 따르면 '기질(temperament)'은 타고난 경향성으로 유전과 환경에 큰 영향을 받는데, 무엇보다 유전적인 성질이 강하다고 합니다. 기질은 비교적 안정적이고 변하지 않는 특성으로 형제자매 간에도 다르게 나타납니다. 제 아이들처럼 한 아이는 활동적이고 자기표현을 적극적으로 하지만 다른 아이는 조용하고 신중하며 혼자서 노는 것을 즐길 수 있습니다.

'성향(disposition)'은 기질에 의해 타고난 성향과 환경적 요인, 경험, 학

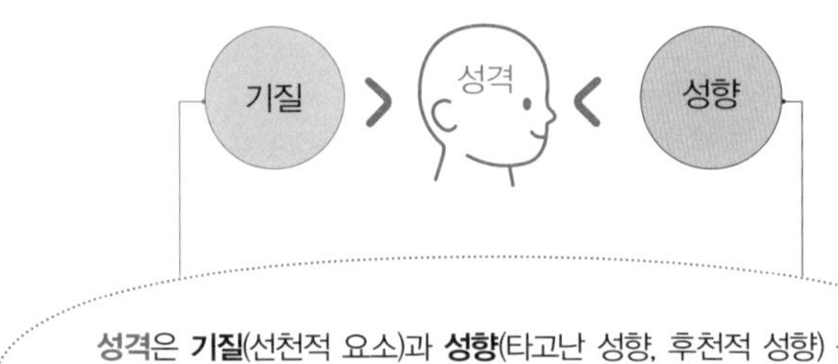

습을 통해 형성된 후천적 성향이 있습니다. 예를 들어, 아이가 자라면서 형성된 태도, 습관, 가치관 등도 성향에 포함됩니다. 성향은 비교적 유연하며, 상황이나 경험에 따라 변화할 수 있습니다.

'성격(personality)'은 '환경과의 상호작용 속에서 만들어지고 형성되는 것'으로 사람의 일관된 행동 패턴을 의미합니다. 모든 아이는 사춘기를 기점으로 자아정체성 혼란의 시기를 지나면서 자신의 타고난 기질과 지금까지의 경험을 토대로 자신에게 필요하다고 생각한 성격의 옷을 입기 시작합니다. 그리고 청소년기가 끝나는 스무 살 정도가 되면 자신만의 성격이 자리잡습니다.

ADHD 아이에게 부족한 사회성 치료

감각통합전문가

ADHD 아이들은 또래 친구에게 어떤 행동을 하기 전에 이 행동이 어떤 결과를 가져올지 예측하는 능력이 부족합니다. 이러한 점을 보완하기 위해 발달센터에서는 연령과 수준이 비슷한 또래 친구들과 함께 그룹으로 사회성 수업을 합니다. 여럿이 함께 있는 상황에서 행동과 감정을 조절해보고 다양한 상황을 마주하면서 친구와 타협하는 방법, 갈등을 중재하는 방법 등 유연하게 문제를 해결하는 기술을 적용하는 것입니다.

또래 관계에 관심은 있으나 공동놀이가 어렵고 감정표현이 서툴며 친구와의 의

사소통이 부족한 경우에는 친구와의 즐거운 활동 경험을 증진합니다. 친구와 함께하는 즐거운 놀이를 통해 자신의 감정 조절능력을 키우고, 친구의 표정과 감정을 생각해보고 공감하는 경험을 쌓는 것입니다.

친구와 오래 놀지 못하고 매번 안 좋게 헤어지는 경우에는 사회적인 상황을 차근히 파악하여 놀이 과정에서 어떤 문제로 인해 속상한 일이 생겼고, 그 일을 해결하기 위해 어떻게 대처하고 행동해야 하는지 연습하여 유사한 상황에 적용할 수 있게 돕습니다.

누구의 잘못도 아닙니다

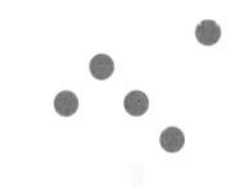

ADHD는 우리 아이에게 갑작스럽게 찾아온 질병이 아니었습니다. 청천 벽력 같은 소식도 아니었습니다. 직장 동료를 통해 ADHD에 대해 알게 되었고 유치원에서도 이미 여러 일이 있었기 때문에, 정신건강의학과에서 진단을 받을 때 이미 예감하고 있었습니다.

하지만 저는 무너졌습니다. '10년 동안 워킹맘으로 버텨가며 일했는데, 나에게 주어진 현실이 참 가혹하다.'라는 생각이 먼저 들었습니다. 이어 '혹시 내 양육 방식이 잘못되었나?', '맞벌이로 인해 아이가 스트레스를 받았나?' 별별 생각에 제 마음은 순식간에 쑥대밭이 되었습니다. 몇 날 며칠 잠도 못 자고 베갯잇을 적시며 생각의 쳇바퀴를 돌렸습니다.

그리고 다음 주, 병원에 두 번째 방문했을 때 의사 선생님은 그간의 고민으로 축 처진 제게 말씀하셨습니다.

"ADHD는 누구의 잘못으로 생긴 병이 아닙니다. 물론 유전적인 영향이 있지만, 그저 뇌 발달이 조금 더딜 뿐이라고 생각하세요."

지금 생각해보면 이 얘기를 받아들이기까지 참 부질없는 눈물을 흘렸구나 싶습니다. 앞으로 헤쳐나갈 구만리 길이 더 중요한데 말입니다. 사실 제 마음이 힘든 이유는 아이의 ADHD만이 아니었습니다. 아이의 ADHD를 둘러싼 가족 간의 갈등은 안 그래도 힘든 마음을 더 힘들게 몰아붙였습니다. 누구의 탓을 하지 않고, 이 상황을 함께 잘 헤쳐나갈 수는 없는 걸까요?

가족 갈등의 불씨 : 책임 전가

그저 산만한 줄로만 알았던 아이가 ADHD 진단을 받으면 가족들은 충격과 혼란 속에서도 그 원인을 찾으려 애쓰게 됩니다. 저 역시 혼란 속에서 말을 잇지 못하고 있었을 때 '뇌 발달이 느린 것 뿐'이라는 사실은 중요하게 다가오지 않았습니다. 인정할 수밖에 없었지만, 마음속에서는 감정의 소용돌이가 끊임없이 일고 있었으니까요.

많은 가족이 이처럼 정신건강의학과 전문의로부터 ADHD 진단을 받고 난 후, '누구의 잘못'인지를 파헤치며 갈등의 불씨를 키워갑니다. 이때 가장 흔히 발생하는 갈등이 남 탓, 즉 가족 구성원 간의 '책임 전가'로 시작하는 갈등입니다.

'책임 전가'는 자신을 보호하기 위해 상대방을 공격하는 행위입니다. 오스트리아의 신경학자이자 정신분석학의 창시자인 프로이트(Sigmund Freud)는 이를 방어기제의 하나인 '투사(projection)'로 설명합니다. 사람들은 받아들이기 힘든 사실이나 감정의 원인을 다른 사람이나 외부 요인으로 돌림으로써 자신을 보호하려 한다는 것이지요. 하이더(Fritz Heider)의 '귀인 이론(Attribution Theory)'에서도 '성공은 자신의 능력이나 노력 덕분이라고 여기고, 실패는 타인의 탓이나 외부 환경으로 돌리는 경향'으로 책임 전가의 이유를 설명합니다.

ADHD 진단 후 가족 내에서 발생하는 책임 전가의 양상은 다양한 갈등으로 이어집니다. 특히 부부간의 싸움이나 조부모와의 의견 충돌로 인해 갈등이 깊어지는 경우가 많습니다. 그런데 그런 갈등의 소용돌이 중심에 누가 던져지게 될까요? 다음의 갈등 양상을 참고하여, 문제의 핵심이 무엇인지 생각해보면 좋겠습니다.

한쪽 부모 탓 : **"누구 닮아서 그래?"**

ADHD는 유전적 요인이 약 70~80%를 차지하지만, 이러한 발언은 부부간의 갈등을 유발할 수 있습니다. 아이는 부모 양쪽의 기질을 모두 물려받으며, 특정 기질이 ADHD와 결합해 증상을 더 강하게 또는 약하게 만들 수 있습니다. 결국 아이는 아빠와 엄마의 영향을 모두 받기 때문에 한쪽만을 탓하는 것은 문제 해결에 도움이 되지 않습니다.

양육 방식 탓 : **"애는 그렇게 키워서는 안 된다."**

주 양육자가 엄마, 또는 아빠일 수도 있고, 맞벌이 가정에서는 조부모이거나 가족 외의 사람일 수도 있습니다. 주 양육자가 누구이든 "아이 뜻을 너무 받아줘서 그렇다." 또는 "아이를 너무 기죽여 키워서 그렇다."라는 식의 비난은 가족 간의 갈등을 크게 증폭시킬 수 있습니다. 만약 이런 말에 따라 지금까지의 양육 방식을 급격히 바꾼다면? 아이는 혼란을 겪게 되고 심리적 스트레스가 증가하여 ADHD 증상이 더욱 악화할 수 있습니다.

중요한 점은 ADHD가 양육 방식에 따라 생기는 병이 아니라, 선천적으로 뇌의 기능이 적절하게 발달하지 않아서 생긴 문제라는 것입니다. 그러니 양육 방식에 대한 비난 역시 문제 해결에 전혀 도움이 되지 않습니다.

양육 환경 탓 : **"맞벌이 때문에 아이가 이렇게 됐다."**

"맞벌이 때문에 아이가 스트레스를 받아서 그렇다." 또는 "집에서 당신이 아이를 더 잘 돌봤어야지."와 같은 말을 듣기도 합니다. 하지만 이런 주장은 현대 가정의 현실을 제대로 반영하지 못한 것입니다. 맞벌이 가정이 많아진 지금, 부모가 모두 일하는 것은 흔한 상황입니다.

ADHD는 주로 유전 및 생물학적 요인에 의해 발생하며, 양육 환경만으로 설명할 수 없는 복합적인 문제입니다. 이런 비난은 부모에게 불필요한 죄책감만을 심어줄 수 있으며, 문제 해결에 도움이 되지 않습니다. 중요한 것은 아이를 도울 방법을 함께 찾는 것입니다.

사회적 영향 탓 : **"친구를 잘못 사귄 탓이야."**

가족 구성원 간의 결속이 강한 경우, 문제의 원인을 외부로 돌리려는 경향이 있습니다. "원래는 안 그랬는데 친구를 잘못 사귄 탓이야."라는 말이 대표적입니다. 그러나 사실 아이에게는 원래부터 그런 경향이 있었을 가능성이 크며, 단지 가족이 이를 인지하지 못했을 뿐입니다. 이렇게 주변을 탓하기 시작하면 주 양육자는 도리어 아이의 친구 관계까지 신경써야 한다는 압박을 느끼게 됩니다. 그것이 핵심 문제가 아닌데도 말입니다.

시대적 영향과 진단 불신 탓 : **"우리 때는 이런 일이 없었어."**

조부모님이 "우리 때는 이런 일(ADHD 질병이나 진단 자체)이 없었어." 또는 "요즘 애들 다 그렇지."라며 시대적인 변화를 언급하거나, "병원의 검사 결과가 잘못되었다."라며 진단 결과의 오류를 주장하는 경우도 있습니다. 이는 아이의 ADHD 진단을 거부하거나 받아들이지 않는 반응으로 치료 과정을 복잡하게 만들고 아이에게 필요한 치료적 지원을 지연시킬 위험이 있습니다. 시대가 변하면서 과거에는 문제로 인식되지 않았던 행동이 현재는 문제로 여겨질 수 있습니다. 이러한 변화는 자연스러운 일이니 이를 수용하는 태도가 필요합니다.

위와 같은 '책임 전가'는 자신을 보호하려는 자연스러운 심리적 반응이지만, 가족 간의 갈등을 촉발하는 불씨가 될 수 있습니다. 이런 갈등은 ADHD 진단을 받은 우리 아이에게 전혀 도움이 되지 않으며, 오히려 상황을 악화할 뿐입니다. 지금 가장 중요한 것은 서로를 비난하기보다 함께 협력하여 아이를 이해하고 돕는 데 힘을 모으는 것입니다.

아이 한 명을 키우는 데 마을 전체가 필요한 것처럼

'한 아이를 키우는 데는 온 마을이 필요하다.'라는 아프리카 속담이 있습니다. 하물며 ADHD가 있는 아이를 키우는 데는 마을보다 더 큰 공동체의 도움이 필요할지도 모릅니다. 작은 사회인 가족 구성원 모두가 함께 힘을 모아 한 방향으로 나아갈 때, 아이는 비로소 건강하게 성장할 수 있습니다.

부모가 서로 다른 방식으로 아이를 대하거나 조부모가 옛날 방식을 고집한다면, 가족은 하나가 되기 어렵습니다. 모든 가족 구성원이 한마음으로 나아가는 것은 아이의 회복을 위해 꼭 필요한 과정입니다. ADHD를 극복하는 과정은 마치 가족 모두가 한 편이 되는 줄다리기와 같습니다. 만약 각자가 다른 방향으로 줄을 당긴다면, 아무리 노력해도 제자리걸음일 뿐입니다. 부모, 조부모, 형제자매 모두가 한 팀으로 뭉쳐 한 방향으로 나아갈 때, 아이의 ADHD를 극복할 수 있는 진정한 힘이 생깁니다.

아이의 ADHD는 누구의 잘못도 아니며, 아이가 겪고 있는 어려움은 혼자만의 문제가 아닙니다. 적어도 우리 가족만큼은 이 상황을 잘 이해하고 힘을 합쳐 당면한 문제를 함께 해결해나가는 든든한 지원군이 되어주길 바랍니다.

이제는 온 가족이 용기 낼 때

'우리 아이는 그냥 산만한 개구쟁이일 뿐인데, 이 아이를 데리고 정신과를 가야 한다니.'

사랑하는 우리 아이에게 'ADHD'라는 새 이름이 붙는 순간, 가족들의 마음이 무거워집니다. 가장 먼저 '정신과'라는 단어에 겁을 먹게 되죠. 학교에 가면 선생님이나 친구들이 우리 아이를 이상하게 보지 않을까 걱정이 되기도 합니다.

새로운 세상을 받아들이는 일은 언제나 어렵습니다. 특히 사회가 ADHD와 같은 신경발달장애에 대해 충분히 이해하지 못한 상황에서는 더욱 그렇습니다. 하지만 사회적 인식도 점차 개선되고 있으니 걱정을 내려놓으셔도 됩니다. 이 책을 읽고 있는 독자들도 아이의 산만함을 조금 다른 시각으로 바라보고 있는 것처럼 말입니다.

'변화는 수용에서부터 온다.'라는 말이 있습니다. 아이의 행동이 조금 특별하다면, 그 원인을 파악하고 수용하는 데에도 용기가 필요합니다. 이 용기가 부족하면 문제를 직시하기보다는 외면하거나 다른 이유를 찾으려 할 수 있습니다. 그러나 우리 가족만큼은 아이의 상태를 정확히 이해하고, 그에 알맞은 도움을 줄 수 있어야 합니다. 병원 방문이라는 구체적인 행동으로 이어지기 전에 먼저 가족 구성원들이 마음을 하나로 모아야 합니다. 가정은 우리 아이가 가장 먼저 만나는 작은 사회이기 때문입니다.

있는 그대로 사랑할 용기를 가지세요

아이를 사랑하지 않는 부모는 없습니다. 하지만 아이에게 ADHD라는 진단이 내려졌을 때, 그 사랑이 흔들리거나 혼란스러워질 수 있습니다. 그래도 산만한 우리 아이를 있는 그대로 사랑할 용기를 가져야 합니다. 우리는 부모니까요. '아이를 있는 그대로 사랑한다.'라는 말은 아이의 ADHD도 있는 그대로 수용한다는 의미입니다. 그러니 딱 두 가지만 기억하기 바랍니다.

첫 번째는 '아이의 말과 행동을 있는 그대로 인식'하는 것입니다. 예를 들어 아이가 "저도 모르게 입에 손이 들어가 있어요."와 같이 말했을 때 "남의 손도 아니고 네 손이 어떻게 너도 모르게 들어가 있어?" 하는 식으로 비

꼬아서 대응하지 않기를 바랍니다.

ADHD가 있는 아이들은 종종 자신도 모르게 충동적인 행동을 보이거나 딴생각할 때가 많습니다. 이런 행동이 의도적인 것이 아니라, 뇌 발달의 특성에서 비롯된 것임을 이해해주세요. 사실 저도 이 사실을 이해하기까지 오랜 시간이 걸렸지만, 이해가 빠르면 빠를수록 좋습니다.

아이의 말과 행동을 있는 그대로 인식하는 것은 초진 때부터 중요합니다. 정신건강의학과에서는 컴퓨터 기반 검사를 진행하기 이전에 아이의 상태를 임상적으로 관찰하는 과정을 거칩니다. 이때, 부모가 아이의 말과 행동을 있는 그대로 기록한 내용을 지참하면 큰 도움이 됩니다.

두 번째로 '아이의 감정을 있는 그대로 수용'하길 바랍니다. 지금 제가 아이에게 가장 많이 하는 말은 "왜 그렇게 느꼈어?"입니다. 이 말은 아이가 어떤 행동을 했을 때 그 행동 자체보다는 그 뒤에 숨겨진 감정에 주목하려는 의도입니다. 그러나 아이가 화가 나서 물건을 던졌다면, 그 행동이 옳지 않다는 것을 단호하게 얘기하고 바로잡아야 합니다. 조선미 교수의 《현실 육아 상담소》(북하우스)에서 '마음은 읽어주되, 행동은 통제하라.'고 한 것처럼 아이의 감정을 수용하는 것과 훈육은 별개의 문제입니다. 아이가 그릇된 행동을 한 경우 단호히 제재한 후 충분히 진정되면 그때 아이의 감정에 관해 이야기를 나누세요.

아이의 감정을 알고 싶어서 “왜 그렇게 행동했어?”라고 물었을 때 아이가 “별생각 없었어요.”라고 대답할 가능성도 큽니다. 부모로서는 이 대답이 어처구니없게 느껴질 수 있지만, ADHD가 있는 아이들은 언어로 감정을 표현하는 데 서툴거나 진짜 ‘생각 없이’ 불쑥 나오는 행동 때문에 어려움을 겪는 경우가 많습니다.

‘별생각 없는’ ADHD 아이의 생각을 알기 위해서는 먼저 감정을 이해해야 합니다. 아이의 ADHD를 수용하는 것은 아이를 있는 그대로 사랑하는 일과 같습니다. 이 과정은 부모만이 아니라, 조부모나 형제자매를 포함한 가족 구성원 모두가 함께해야 합니다. 그래야 다음 단계로 나아갈 수 있습니다.

진단을 마주할 용기를 내세요

ADHD를 수용한 이후에는 실제로 행동할 용기를 내야 합니다. 마음을 다잡고 수용하는 것이 첫 번째 장벽이라면, 그 수용을 행동으로 옮기는 것에는 더 큰 결단이 필요합니다. 행동하지 않으면 변화가 시작되지 않으니 실제로 행동하는 용기를 내는 것은 어려운 만큼 더 중요한 과정이기도 합니다.

"행동은 두려움을 극복하는 가장 좋은 방법이다. 의심으로 인한 두려움을 행동으로 극복하라." _ 데일 카네기(Dale Carnegie)

ADHD가 의심되는 상황을 행동으로 옮겨 극복하는 첫 단계는 정신건강의학과를 방문해 전문의와 상담하는 것입니다. 다른 길은 없습니다. 그러나 이 단계로 나아가는 데도 많은 용기가 필요합니다. 특히 "조금 산만한 것뿐인데 정신과를 데리고 가야 한다고?"라는 말이 가족회의에서 나온다면 다음 단계로 가는 길은 멀어집니다.

정신건강의학과를 방문하기까지의 과정에서 가족 구성원들은 엄청난 고민을 하고 두려움을 느낍니다. 저 역시 아이의 손을 잡고 병원 계단을 올라가는 그 순간에도 '정말 병원에 가는 게 맞는 걸까? 혹시 일을 키우는 건 아닐까?', '가족들에게는 어떻게 설명해야 할까?' 하는 심리적 압박감이 컸습니다. 그러나 ADHD는 적기 진단이 중요한 질환입니다. 이 단계에서 병원을 방문해 정확한 진단을 받고 전문가의 조언을 들어야 다음 단계로 나아갈 수 있습니다. 진단을 마주하는 일은 열 일을 제쳐두고 최우선으로 해야 할 가장 중요한 일입니다.

용기의 돛을 올리고 함께 항해해야 합니다

이제는 온 가족이 용기를 내야 할 때입니다. 같은 목적지를 향해 나아갈 준비를 해야 합니다. 아이가 그저 산만한 것인지 아닌지 정확히 인지하고, 있는 그대로 받아들여야 합니다. 그 후에는 현실을 마주할 결심을 해야 합니다. 모든 가족 구성원이 한마음, 한뜻으로 말입니다.

용기 있는 결심이 가족 모두를 살리는 닻이 될 겁니다. 마치 앵커효과(Anchor Effect)에서 첫 번째 정보 자체가 이후의 판단을 고정하듯, 이 결심은 앞으로의 모든 행동과 결정에 중심이 되어줄 것입니다. 배에서 닻을 내리면 배가 그 자리에서 크게 벗어나지 않는 것처럼 말입니다.

용기의 닻을 내리고 마음의 정비를 마쳤다면 이제 긴 항해를 출발하세요. 내린 닻을 걷고 돛을 올린 후 한 명의 낙오자 없이 같은 목표를 향해 깊은 바다로 나아가야 합니다. 폭풍우와 거친 파도 속에서도 용기와 희망을 간직하며 앞으로 나아가길 응원합니다. 사랑하는 우리 아이는 거친 풍파에서도 가족의 사랑을 받아 더욱 단단해질 겁니다.

진단

1. 입학 전, 골든 타임을 놓치지 마세요

2. 망설이지 말고 전문가를 찾아가세요

3. 첫 병원 방문, 어떤 검사를 받을까?

4. 작기 진단, 적기 치료가 중요한 이유

5. ADHD를 바라보는 두 가지 시선

입학 전,
골든 타임을 놓치지 마세요

뇌출혈 골든 타임은 3시간. 심정지 골든 타임은 4분. 사람의 생사를 결정짓는 순간에는 골든 타임이 가장 중요합니다. 그런데 ADHD 치료에도 골든 타임이 있다는 사실을 알고 있는 사람은 많지 않습니다. 게다가 "병원 갈 정도는 아니다.", "시간 지나면 다 괜찮아진다."와 같은 주변의 말 때문에 이 골든 타임을 지나쳐버리기 십상입니다.

제 경우 아이의 초등학교 입학을 앞두고 아이의 산만함이 문제가 될 수 있다는 사실을 깨달았습니다. 당장 입학을 코앞에 둔 상황인지라 고민할 겨를도 없이 부부가 신속하게 의견을 나누고, 빠르게 병원을 예약했습니다. 그러나 조부모님께는 이 사실을 비밀로 했습니다. 받아들이기 어려워하실 것이 확실했기 때문입니다. 지금 돌이켜보면, 깊이 고민할 시간이 없었던 것이 오히려 다행이었습니다.

이후 약을 처방받을 시기에 조부모님과 진단 내용을 공유했는데 역시나

"요즘은 산만하면 약을 먹이느냐?"라며 검사 결과를 수용하기 어려워하셨습니다. 그러나 마음 아픈 것도 잠시, 흔들리지 않고 아이의 치료에 최선을 다했습니다. 나를 위해서가 아니라 아이를 위해서 이 시기를 놓치지 않아야겠다는 절박함이 있었으니까요.

ADHD 골든 타임은 초등학교 입학 전후 '만 6세'입니다

멈춘 심장도 뛰게 하는 골든 타임, 아이의 뇌 발달에도 골든 타임이 있습니다. ADHD 아이들의 골든 타임은 바로 '만 6세'. ADHD 검사의 적기이자 약물치료의 기점이 되는 중요한 시점입니다.

제 아이는 초진 당시 8세였지만, 겨울에 태어나 정확히 만 6세일 때 첫 진료를 받았습니다. 아동·청소년 심리교육 전문가 이임숙 박사의 《4~7세보다 중요한 시기는 없습니다》(카시오페아)의 설명에 따르면 주의력과 자기조절력을 관장하는 전두엽 발달이 4~7세에 폭발적으로 이루어지는데 ADHD 아이들은 전두엽 발달의 지연으로 자기 생각과 감정, 행동을 조절하고 통제하는 것을 어려워한다고 합니다.

만 6세 무렵이 되면 ADHD가 있는 아이의 산만함과 충동성이 두드러져 주변의 주목과 지적 또한 많아집니다. 그만큼 만 6세는 표출 행동을 임상적으로 관찰하기에 아주 적합한 시기입니다. 또한 아동 ADHD 진단을 할 때 각종 주의력 검사가 컴퓨터 기반으로 진행되는데 만 6세 정도가 되면 검사를 수행하기가 수월하므로 진단을 정확히 내리기 좋은 시기이기도 합니다.

안타깝게도 ADHD 관련 통계를 보면 ADHD 아이 10명 중 9명은 병원을 방문하지 않아 적기에 치료를 받지 못한다고 합니다. 이 시기를 놓쳐 아동 ADHD 진단과 치료를 받지 못하면 청소년기에 틱 장애, 우울, 불안, 학습 장애, 중독, 강박 등이 동반되면서 2차 부작용을 겪을 위험성이 높고, ADHD가 성인이 되어서도 지속하여 사회생활의 어려움으로 인해 뒤늦게 치료받는 경우가 많다고 합니다. 그러니 골든 타임을 놓치지 말아야 합니다.

그런데 ADHD 치료에 대한 인식이 많이 개선되어서일까요? 아니면 그만큼 ADHD 진단율이 높아져서일까요? 초진을 위해 상담 문의를 할 당시, 지방 소도시인데도 수개월을 기다려서 진료를 받아야 할 만큼 아동 ADHD 상담 예약 건이 많았습니다.

소아청소년정신과가 있는 대학병원은 대기 기간이 6개월이나 되었고, 일반 정신건강의학과도 1~2개월 이상 기다려야 했습니다. 혹시 취소가 생기면 연락을 달라고 요청한 후, 초조하게 기다렸습니다. 그리고 운이 좋게 바로 다음 주, 예약 취소 연락을 받고는 모든 일을 뒤로하고 서둘러 병원을 찾았습니다. 저처럼 정말 급한 상황이라면, 예약 대기가 길다고 포기하지 말고 상담 기회를 계속해서 찾아야 합니다.

정신건강의학과와 발달센터를 병행하여 아이의 상태를 보다 정확하게 파악하는 것도 좋습니다. 저 역시 ADHD 전문의가 있는 정신건강의학과와 발달센터에 각각 예약을 걸어두었고, 다행히 며칠 차이로 두 군데 모두 상담을 받을 수 있었습니다. 이처럼 다양한 치료 기관에서 아이의 상태를 확인하고 비교 분석하는 것은 진단과 치료에 큰 도움이 됩니다.

지금 돌이켜보면, 아이의 상태를 제대로 알지 못한 채 초등학교 1학년 1학기를 보냈다면 어땠을까 싶습니다. 학교에서 갑자기 걸려오는 전화에 놀라서 매일 불안해했겠지요. 실제로 ADHD 아이를 키우는 많은 부모들이 아이가 입학하고 나서 빠르면 2주, 보통 한 달 이내에 학교에서 여러 문제로 전화를 받습니다.

학교는 제2의 사회라는 말처럼 아이가 스스로 해내야 할 것들이 많고, 사회적 관계가 중요합니다. 그러니 "학교 가면 나아질 거야.", "커가는 과정이니 괜찮아."와 같은 말로 위안을 얻지 않았으면 합니다. 아이를 믿고 기다려주는 마음은 물론 중요하지만, 행동 없는 막연한 기대감은 오히려 아이의 학교 적응을 어렵게 만듭니다. 다시 한번 강조하지만 산만한 우리 아이에게 조금 특별한 징후가 발견된다면 '만 6세' 시기인 초등학교 입학 전에는 병원을 방문하여 검사를 받으시기를 강력히 권합니다.

이 책을 읽고 있는 부모님은 앞으로 '가족'이라는 배를 이끄는 항해사가 되어야 합니다. 뒤로 물러설 길은 없으며, '학교'라는 새로운 사회로 나아갈 길만이 남아있습니다. 주변의 말에 흔들리지 않고, 스스로 명확한 기준을 세워야 합니다.

이제 막연한 고민을 결심으로 바꾸고, 행동으로 옮길 때입니다. ADHD 아이 10명 중 적기에 치료받는 1명이 여러분의 아이이길 진심으로 바랍니다.

아동 ADHD 유병률과 진단율

대한소아청소년정신의학회의 분석에 따르면 현재 아동 ADHD 유병률은 전체 아동의 5.9~8.5%에 달하지만, 그중 병원에서 진단을 받는 비율은 0.8%에 불과합니다.

아동 ADHD 유병율과 진단율

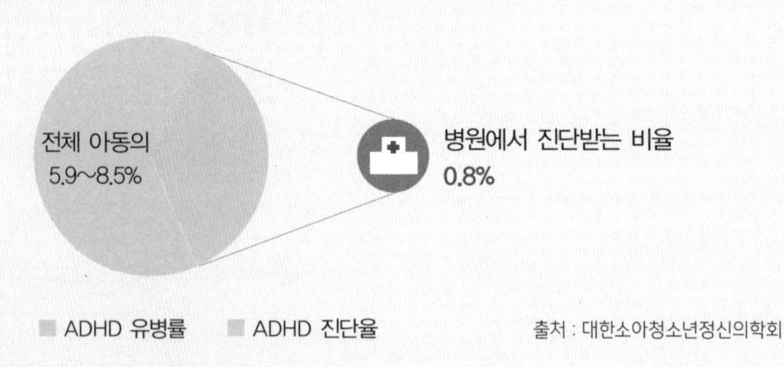

출처 : 대한소아청소년정신의학회

아동이 사춘기에 접어들면 ADHD의 특징이 사춘기 특성에 가려져 잘 드러나지 않을 수 있습니다. 초등학교 고학년만 되어도 감정 기복이 심해지고 말수가 줄어들며 혼자 있는 시간을 선호하는 경향이 더욱 두드러질 수 있습니다. 충동성이 높았던 ADHD 아이들도 시간이 지나면서 조용한 ADHD, 즉 주의력 결핍형 ADHD로 양상이 변할 가능성이 있으므로 아이가 얌전해졌다고 안심하기보다는 주의력 문제가 있는지 세심하게 관찰하는 것이 중요합니다.

사춘기적 특성과 혼동되기 쉬운 적대적 반항장애(Oppositional Defiant

아동 ADHD의 성인기 유지율

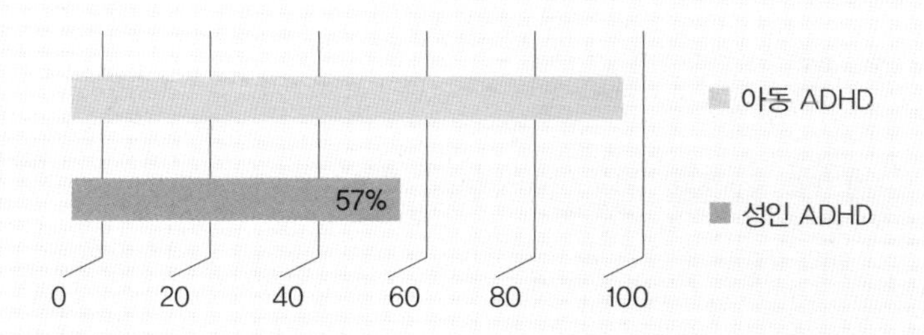

Disorder, ODD)와 ADHD가 함께 나타날 수도 있습니다. 이 경우, 학교나 가정에서 충동적인 행동으로 인해 학교 폭력이나 부모, 형제간 갈등으로 이어지기 쉽습니다. 이러한 상황에서는 기존에 치료를 중단했더라도 다시 병원이나 발달센터를 찾아야 합니다. 또, 교사나 정신건강의학과 전문의의 적극적인 도움을 받고 부모님도 한층 더 인내하고 노력하며 문제 해결에 나서야 합니다.

또한, 제때 치료를 받지 못해 아동 ADHD가 성인 ADHD로 이어지는 경우가 약 57%에 이릅니다. 이로 인해 성인이 되어 직장 생활을 할 때 지각이나 사소한 실수가 잦아 부정적인 평가를 받거나 사회적 소통이 힘들어 직장에서 어려움을 겪는 경우가 많습니다. 이러한 어려움이 심해지면 우울증이나 양극성기분장애(조울증)와 같은 다른 정신질환이 동반될 확률도 높습니다. 하지만 적기에 진단을 받고 필요한 치료를 받으면 성인이 되었을 때 ADHD로 인한 부주의나 충동성이 현저히 줄어들어 사회생활에서도 큰 문제 없이 지낼 수 있습니다. 따라서 아동 ADHD의 적기 진단이 매우 중요합니다.

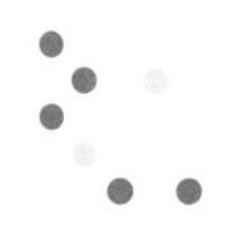

망설이지 말고 전문가를 찾아가세요

"나 지금 좀 걱정돼서 전화했어. 첫째가 요즘 너무 산만해. 유치원 선생님도 걱정하시더라고. 자기중심적이고 가끔 너무 과격해서 통제가 안 된대. 혹시 ADHD일까?"

친구의 목소리가 평소와 달리 가라앉아 있었습니다. 저는 잠시 생각에 잠겼습니다. 그리고 친구에게 아이의 영아기 때 특징과 요즘 부쩍 많이 하는 말이나 행동에 대해 찬찬히 물어봤습니다.

"이건 내가 처음 병원에 방문했을 때 의사 선생님께서 물어보셨던 질문들이야. 그런데 네 답을 들어보면 특별한 문제는 없어 보이는데…. 둘째가 생긴 지 얼마 안 됐잖아? 그래서 스트레스를 받거나 투정이 심해진 건 아닌지 한번 생각해봐. 엄마랑 둘만의 시간을 가지는 것도 좋을 것 같아."

"응, 사실 그런 생각도 해봤어. 그런데 선생님이 걱정하시니까 괜히 신경

쓰이네. 병원까지 가야 할까?"

"병원부터 가보는 게 좋아. 병원 가는 게 시작이야. 눈이 나쁘면 안과를 가고, 감기에 걸리면 소아청소년과에 가듯이 전문가를 찾는 게 첫 번째 단계 아닐까?"

"또 그렇게 생각하니까 마음이 한결 낫네. 병원 간다고 생각하니까 큰 문제 같고 마음이 이상하더라. 남편과도 상의해볼게. 고마워."

진심 어린 조언에 친구의 목소리가 한결 가벼워졌습니다.

이처럼 가정에서 부모와 지낼 때는 크게 드러나지 않았던 아이의 산만함과 부주의함이 4~5세에 기관 생활을 시작하면서 문제가 되는 경우가 많습니다. ADHD는 신경발달장애이기 때문에 의료기관에서 정확한 진단을 받고 전문 치료 기관에서 치료하는 것이 가장 효과적이지만 현실적으로 어려울 때가 많습니다. 많은 부모가 정신건강의학과에 가는 것을 시작이 아니라 끝처럼 여길뿐더러 정확한 진단을 위해 정신건강의학과를 가려고 해도 진료나 검사를 받기까지 최소 3개월, 길게는 2년 이상 기다려야 하는 경우가 많습니다. 그래서 ADHD가 의심되는 경우 소아청소년정신과가 있는 상급 종합병원이나 종합병원, 또는 집 근처에 있는 정신건강의학과에 진료 및 검사를 예약해두고 접근성이 쉬운 발달센터를 찾는 것도 방법입니다.

발달센터에서는 부모 면담(의뢰 사유, 가족력, 발달 과거력 등), 발달검사,

행동 관찰 등을 토대로 아이의 전반적인 발달 수준을 파악하고 발달을 저해하는 영역이 있는지 살펴봅니다. 그리고 아이에게 ADHD가 의심될 경우, 의료기관에서 정확한 진료와 신단을 받을 때까지 그동안 아이에게 어떤 자극을 주는 게 좋을지, 아이의 행동에 어떻게 대처해야 하는지에 대해 부모 상담과 치료를 병행하여 진행합니다.

요즘은 여러 매체를 통해 ADHD에 관한 정보를 쉽게 얻을 수 있지만 그러한 정보는 참고만 하세요. 전문의의 정확한 진단과 전문적인 치료 과정에 따라 아이의 발달을 도와야 합니다. ADHD 치료 방법에는 약물치료, 인지행동치료, 감각통합치료, 놀이치료 등 여러 가지가 있으니 전문가와의 상담에 따라 아이에게 적합한 방법을 선택하면 됩니다. 이 외에 ADHD 관련 도움을 받을 수 있는 곳은 다음과 같습니다.

학교 상담 및 지역 바우처 활용

학교에서는 Wee센터를 운영하여 학생들이 학교에 적응하고 심리적 안정을 찾을 수 있도록 돕습니다. 또, 정서나 행동 문제를 가진 학생들을 지원하는 역할도 맡고 있습니다. 심리검사나 상담 결과를 바탕으로 발달센터나 정신건강의학과 등 외부 기관과 연계하여 치료를 받을 수 있도록 '우리 아이 심리지원 바우처' 서비스를 제공하기도 합니다.

ADHD 지원 단체 및 커뮤니티

ADHD 관련 정보를 제공하는 지원 단체나 온라인 커뮤니티에 참여할 수도 있습니다. 이곳에서는 같은 경험을 가진 부모들과 소통하고, 유용한 조언이나 정보, 전문가 추천을 받을 수 있습니다.

학교에서 제공하는 바우처 제도를 활용할 때는 정신건강의학과 의사의 진단서나 임상심리사, 교사, 어린이집 원장 등의 소견서가 꼭 필요합니다. 그러니 먼저 전문의에게 진단을 받고, 이후 아이에게 맞는 다양한 치료 방법을 고려해보는 것이 좋습니다.

의심은 병을 키웁니다

'산만한 우리 아이, 혹시 ADHD는 아닐까?'

이런 의심이 생기면 부모는 밤새 인터넷을 검색하기 시작합니다. 그렇게 인터넷 검색을 하다 보면 의심이 점점 커지고 복잡해지면서 마음이 무거워집니다. 사실 이럴 때일수록 단순하게 행동으로 옮기는 것이 가장 쉬운 해결책인데도요.

예를 들어, 배가 종종 아픈데 통증이 왔다가 사라지는 경우라면 병원 방문을 미루게 됩니다. 그리고 잠자리에 들어서야 낮에 있었던 통증이 생각나 증상과 비슷한 사례를 찾기 위해 인터넷을 검색합니다. 한참을 찾아보다 보면 '위궤양'인 것 같기도 하고, '위암 초기 증세'인 것 같아서 괜한 걱정이 커집니다. 이 모든 고민의 해결책은 가까운 내과에 가서 의사의 진찰을 받는 것 뿐인데요. 초음파든 내시경이든, 전문의의 소견에 따라 정확한 진단과 치료를 받는 것이 불안을 잠재우는 가장 안전한 길입니다.

산만한 우리 아이의 ADHD에 대한 고민도 마찬가지입니다. 아이의 행동이 걱정된다면 괜한 고민으로 시간을 지체하지 말고 병원을 방문하는 것이 가장 현명한 선택입니다. 그곳에서 전문가의 진단을 받고 나면, 더는 의심에 휩싸여 불필요한 걱정을 할 필요가 없어지니까요.

앞서 친구와의 대화에서, 친구는 첫째 아이의 산만함이 혹시 '내 양육 방식이 잘못되어서 그런 건 아닐까?' 하고 자책했습니다. 둘째를 출산한 지 얼마 되지 않아 힘든 몸으로 인해 아이에게 예민해져서 그런 건 아닌지 걱정도 했고요. 이처럼 많은 부모가 아이의 문제를 자신의 잘못으로 돌리며 걱정하곤 합니다. 특히 육체적, 정신적으로 고된 상황에서는 이런 자책이 더 심해집니다.

하지만 병원에 가면 그동안의 걱정이 불필요했다는 것을 알게 됩니다. 설령 ADHD로 진단이 내려진다고 해도 ADHD는 유전적인 요인이 관여하는 생물학적인 문제입니다. 부모의 잘못도, 당연히 물려받은 아이의 잘못도 아닙니다. 또, 그동안 걱정했던 아이의 행동이 ADHD로 인한 게 아니라 단순히 아이가 특정 발달 영역에서 발달 속도가 또래보다 늦어서일 수도 있습니다. 발달지연이 있다고 해서 반드시 ADHD가 있는 것이 아닌 것처럼, ADHD 아동 모두가 발달지연을 겪는 것도 아닙니다. 발달이 늦어 언어, 사회성, 운동 능력 등의 영역에서 지연이 나타나면 아이가 산만해보일 수 있지만, 이는 ADHD와는 다른 문제입니다.

ADHD는 외부 자극에 대한 조절의 어려움으로 인한 정서 조절 문제이므로 '발달지연'과는 구별해야 합니다. 이를 정확히 진단하려면 각종 검사와 임상 관찰이 선행되어야 하고, 이러한 과정을 거쳐야 아이에게 필요한 맞춤형 지원을 정확하게 받을 수 있습니다.

아이가 감기에 걸렸는데 '누구의 탓'을 하느라 치료할 기회를 놓쳐 폐렴으로 진행되는 상황처럼 어리석은 일은 없겠지요. 어떤 쪽이 되었든 정확한 진단을 받은 후 아이의 행동과 관련된 기능적 원인을 찾아 해결해 나가셔야 합니다.

감각통합전문가

ADHD와 다른 질환의 구분

기관 생활을 할 경우, 같은 연령대에 비하여 산만함, 충동성, 과잉행동이 매우 두드러지게 지속해서 여러 상황에서 나타나는지 확인합니다.

1. 전반적인 발달지연과의 구분 : 충동 조절 및 반응 억제 등을 담당하는 뇌의 특정 영역(전두엽)의 부분적 지연과 전반적인 뇌 영역의 발달지연과 구분하기. 이때 증상뿐만 아니라 발달 연령과 인지능력을 고려하여 판단합니다.

2. 심리적 문제와의 구분 : 부주의함은 불안으로 인해 보일 수도 있으니 심리적인 문제가 있는지 확인합니다.

3. 학습장애와의 구분 : 읽기, 쓰기, 연산과 같이 특정 기술의 학습에만 어려움이 있는 특정 학습장애와 구분합니다.

선배맘

우리 동네 병원 찾기

산만한 우리 아이의 말과 행동이 걱정된다면 이젠 고민하기보다 근처 병원부터 찾아보세요. 대한소아청소년정신의학회 ADHD 공식 사이트(www.adhd.or.kr)의 '병원 찾기' 메뉴를 이용하면 소아청소년정신의학과 전문의가 있는 병원을 찾을 수 있습니다.

병원을 정할 때는 몇 가지 기준을 염두에 두는 것이 좋습니다. ADHD는 신경발달장애이기 때문에 이를 다루는 정신건강의학과에서 진료를 받는 것이 좋습니다. 특히, 정신건강의학과와 발달장애 클리닉을 함께 운영하는 병원이라면

ADHD를 더 깊이 이해하고, 면밀한 진단을 받을 수 있습니다.

다음으로 최대한 집과 가까운 병원으로 가시는 것이 좋습니다. 병원이 너무 멀면 지속적인 방문이 어려워질 수 있으므로 접근성도 중요한 요소입니다.

단, 상급 종합병원은 일반 병원에서 의뢰서(추천서)를 받아야 진료를 받을 수 있으니 처음에는 가까운 정신건강의학과에서 진료를 받은 후, 필요할 때 상급병원을 연계 받는 것이 좋습니다.

상급병원이나 전문병원은 예약 후 진료까지의 시간이 깁니다. 하지만 중간에 다른 환자의 예약 취소로 진료가 예상보다 빨리 진행될 수도 있으니 여러 병원에 예약을 걸어두고 기다리는 것이 좋습니다. 저 역시 처음 예약할 때 진료 대기가 3개월 이상이었지만, 취소된 예약 덕분에 바로 다음 주에 진료를 받을 수 있었습니다. 그러니 기회가 생길 때 빠르게 진료받을 수 있도록 마음의 준비를 해두세요.

첫 병원 방문,
어떤 검사를 받을까?

오전 11시, 아이의 손을 꼭 잡고 처음 병원으로 향했던 순간이 아직도 생생합니다. 2월의 찬 공기가 마치 수능 날 아침 공기처럼 유독 차가웠습니다. 꼭 잡은 아이의 손은 작고 따뜻했지만, 제 마음은 쉴 새 없이 떨렸습니다.

"정.신.건.강.의.학.과."

한창 한글을 배우고 있어서 간판 읽는 것을 좋아했던 아이가 더듬더듬 간판을 읽었습니다. 아이가 앳된 목소리로 일곱 글자를 큰 소리로 읽는데, 갑자기 제 심장이 쿵 내려앉는 것만 같았습니다. 계단을 뛰어오르는 아이와 달리, 전 입구에 들어서기 전부터 마음이 무거웠습니다. 남편의 얼굴도 굳어 있었습니다.

“어떤 이유로 병원에 오시게 됐는지부터 쓰시면 됩니다.”

사전 설문지를 받고 생각에 잠긴 제게 임상심리사 선생님께서 도움 말씀을 주셨습니다. 설문지에 따라 아이의 출생부터 현재 발달사항에 대한 답을 쓰며 묘한 감정이 밀려왔습니다. 직장 생활을 하느라 정신없이 육아하던 지난 몇 년이 떠올라 머릿속이 복잡해졌습니다. ‘그동안 내가 뭘 놓치고 있었나….’

예약을 하고 왔지만 사전 설문지를 제출한 뒤에도 상담 순서를 기다리는 시간이 길었습니다. 아이는 지루함을 견디지 못했습니다. 병원 밖으로 나가 계단을 열 번도 넘게 내려갔다 올라갔다 했고, 안에 들어와서는 소파에 앉아 몸을 비비 꼬았습니다. 드디어 이름이 호명되고 나서야 긴장했는지 조용해졌습니다.

먼저 부모와 의사가 1:1 상담을 진행하는 동안 아이는 임상심리사와 함께 로비나 별도의 공간에서 대기해야 합니다. 소파에 앉아서 기다리라고 했지만 진료실 문 앞에서 초조한 마음으로 기다리는 아이의 숨소리가 느껴졌습니다. 1시간처럼 길게 느껴졌던 10분간의 부모 상담이 끝난 후, 아이가 진료실에 들어와 면담을 진행했습니다. 이는 아이의 상태를 파악하기 위한 중요한 절차로, 대화를 나누며 아이의 행동과 표현을 자세히 관찰합니다. 이러한 상담과 관찰을 병원을 방문할 때마다 반복합니다. 면담이 끝난 후, 아이는 임상심리사를 따라 약 40분 동안 컴퓨터 기반 검사를 진행했습니다.

검사 결과는 1주일 뒤에 알 수 있었습니다. 결과지는 총 10장으로, 각종 그래프와 해석이 포함되어 있었습니다. 결과는 예상대로 ADHD였습니다. 사실 처음에 저는 아이의 검사 결과를 받아들이기 어려웠습니다. 평소 아이의 집중력이 꽤 높다고 생각해왔기 때문입니다. 혹시 1시간 동안 대기하고 상담을 받은 뒤에 컴퓨터 검사를 하다 보니, 집중력이 떨어져 결과가 엉망으로 나온 것은 아닐까 싶었습니다. 그래서 다음 상담 때 검사 중 피로감으로 인해 결과가 왜곡되었을 가능성은 없는지 물었지만, 전문의는 이렇게 대답했습니다.

"피로 때문이라면 시간이 지나면서 주의력이 점점 떨어져야 하지만, 바로 2번 문제부터 불규칙적으로 오답이 표시되었습니다. 또한, 정규분포곡선에서 평균보다 크게 벗어난 결과를 보였습니다."

더는 어떤 말도 할 수 없었습니다. 피로 누적에 따른 결과라면 시간이 지날수록 실수가 늘어나야 하는데, 검사 초반인 2번 문제부터, 그것도 불규칙적으로 틀렸다는 설명을 들으니 더는 검사 결과를 부인할 수 없었습니다.

2월 말 첫 진단 이후, 아이는 입학 첫 주에 ADHD 전문 발달센터를 방문했습니다. 발달센터에서는 다양한 과제를 수행하며 아이의 행동 패턴을 세심하게 관찰했습니다. 10분 내외로 질문을 통해 평가하는 일반 상담과는 달리, 발달센터에서는 약 1시간 동안 아이의 움직임 패턴 및 운동 능력을 살펴보고, 도형을 어떻게 지각하는지, 상황에 어떻게 대처하는지 등 다면적으로 관찰했습니다. 예를 들어, 공을 던지고 받는 과정에서 아이가 어떻게 반응하는지, 도화지에 도형을 구조화하여 완성하는 과정에서 어떤 어려움을 겪는지, 걸음걸이나 특정 동작 수행 시 어려움이 있는지 등을 확인하는 방식입니다. 이러한 다양한 활동을 통해 아이의 인지적, 신체적 발달 상태를 종합적으로 점검했습니다.

그리고 3개월 후인 6월이 되어서야 상급 종합병원의 정신건강의학과를 방문할 수 있었습니다. 이전에 종합주의력검사(CAT)를 받은 결과지와 발달센터에서의 임상 관찰 결과를 설명했고, 학교와 가정에서의 생활에 대한 체크리스트도 작성했습니다. 마찬가지로 상담은 부모와 1:1로 이루어졌고, 그 후 아이도 함께 참여하여 상담과 관찰이 진행되었습니다. 상담에서는 주로 학교생활 적응과 친구 관계에 대한 질문이 많았고, 이를 바탕으로 추가 검사가 필요한지 아닌지를 판단했습니다.

제 아이의 경우, ADHD 소견은 분명하지만 현재로서는 인지적인 문제가 없어 보이므로 한국판 웩슬러 지능검사(K-WISC)가 포함된 풀배터리 검사(Full Battery Test)는 진행하지 않아도 될 것 같다는 의견이었습니다.

이처럼 ADHD는 도구 기반 검사와 면담, 충분한 관찰을 토대로 종합적으로 검토하여 진단을 내립니다. 검사 도구의 선정 역시 전문의가 면담과 관찰을 통해 아이의 상태에 맞춰 결정합니다.

'아는 것이 힘이다.'라는 말이 있지요. 하지만 그냥 아는 것이 힘이 아니라 '제대로 아는 것이 힘'입니다. 병원을 처음 방문하면서 느끼는 긴장감과 불안감은 누구나 겪는 자연스러운 감정입니다. 하지만 떨리는 첫걸음이 중요한 시작점이 됩니다. 실제로 행동하는 사람과 아닌 사람의 결과는 하늘과 땅 차이니까요.

ADHD 진단 과정은 단순히 검사 결과만을 기다리는 것이 아니라, 앞으로의 치료 방향을 결정하는 중요한 순간으로 아이를 더 깊이 이해하고 도울 방법을 찾는 시작점입니다. 설문지, 컴퓨터 기반 검사, 면담과 관찰 등의 과정을 통해 아이의 상태를 정확히 파악하면, 어떻게 아이를 도울 수 있는지에 대한 방향이 잡힙니다. 그러니 부모로서 모든 질문에 솔직하게 답하고, 검사 결과에 대해 적극적으로 질문하고 소통하는 자세가 필요합니다.

ADHD 진단 검사의 종류

우리 아이가 ADHD로 인해 겪는 어려움을 정확히 이해하고 도움을 주기 위해서는 신뢰할 수 있는 진단 과정이 필수적입니다. ADHD 진단을 위한 검사 도구는 부모보고 검사 도구와 전문가보고 검사 도구로 구성되어 있습니다.

부모보고 검사 도구는 부모가 직접 설문지나 필답형 체크리스트를 작성하여 아이의 행동과 정서적 특성을 평가하는 도구로, ADHD 증상 및 그로 인한 영향을 구체적으로 파악할 수 있습니다. 대표적인 도구로는 K- CBCL(한국판 아동·청소년 행동 평가 척도), K-ARS(주의력 결핍 및 과잉행동 평가 척도) 등이 있습니다. 이러한 도구들은 아이의 주의력 문제, 과잉행동, 정서적 어려움 등을 객관적으로 평가하는 데 유용합니다.

부모보고 검사 도구는 병원에서 나눠주는 질문지에 양육자가 직접 답을 써넣는데 가정에서 혹은 유치원, 학교, 학원 등 가정 이외의 장소에서 어떤 행동적 특징을 보이는지 그 빈도와 정도를 써넣습니다. 최근 일주일 내의 행동 빈도를 묻기 때문에 가정에서는 병원 방문 일주일 전부터 아이의 행동을 세심하게 관찰하는 것이 좋으며, 이 설문지의 내용을 기반으로 구두 상담이 진행되니 평소 아이의 행동 특성을 기록해두는 것이 좋습니다. 처음 병원을 방문하면 묘한 긴장감 때문에 평소에 생각하던 것도 잘 떠오르지 않기 때문입니다. 부모가 작성한 내용을 바탕으로 면담이 진행되며, 아이의 발달 이력, 현재의 행동 양상, 양육환경, 보육(교육) 기관 생활 등에 대해 전체적으로 묻습니다.

전문가보고 검사 도구는 전문의나 임상심리 전문가가 직접 아이에게 시행하는 검사로, 아이의 인지적, 정서적, 신경학적 기능을 종합적으로 분석합니다. 한국판 웩슬러 지능검사(K-WISC), 유아용 웩슬러 지능검사(K-WPPSI-4), 한국판 카우프만 인지능력 배터리검사(K-ABC2), 비언어적 지능검사(K-CTONI), 연속수행검사(CPT), 종합주의력검사(CAT) 등이 있습니다. 전문의와 상담으로 평가하는 검사도 있고, 아이가 직접 컴퓨터로 수행하는 검사, 임상심리사와 과제를 수행하며 평가하는 검사도 있습니다. ADHD 아동을 위한 정부 지원 서비스인 '우리 아이 심리지원 서비스'에도 주요 검사 도구가 포함되어 있습니다.

ADHD 진단을 위해 가장 포괄적이고 체계적으로 사용되는 방법의 하나가 바로 풀배터리 검사(Full Battery Test)라고 불리는 종합심리검사입니다.

풀배터리 검사(Full Battery Test)

검사 순서	검사 도구	대상 연령	주요 평가 영역	진행 방식
1단계 : 정서 및 행동평가	K-CBCL	만 4~18세	정서 및 행동 문제 (주의력 결핍, 과잉행동, 불안, 우울 등)	설문지 (부모가 작성)
2단계 : 주의력 평가	CPT	만 6세 이상	지속적 주의력, 충동성 평가	컴퓨터 기반 (아이 혼자 진행)
3단계 : 인지 평가	K-WISC-IV/V	만 6~16세	지능 및 인지능력 (작업기억, 처리 속도, 언어 이해, 유동 추론 등)	대면 검사 (임상심리사가 진행)

풀배터리 검사는 단일 검사가 아닌 다양한 검사들이 포함된 검사입니다. 풀배터리 검사는 보통 정서 및 행동 평가 → 주의력 평가 → 인지 평가의 순서로 진행됩니다. 전체 소요 시간은 검사 결과 해석 시간을 포함해 총 3~4시간 정도이며, 검사 방식은 설문지, 컴퓨터, 대면 검사가 병행됩니다.

그 외에도 전문가의 판단에 따라 아이의 상태를 적합하게 판단하기 위한 다양한 검사들을 시행합니다. 시각-운동 통합 발달 검사인 Beery VMI 검사(Visual-Motor Integration Test), 벤더-게슈탈트 검사(BGT), 투사적 검사로 집-나무-사람 검사(House-Tree-Person Test), 로르샤흐 검사(Rorschach Inkblot Test) 등이 있습니다. 주의력과 실행기능을 살펴보기 위한 MOXO-CPT 검사(주의력 및 충동성 검사), 스트룹 검사(Stroop Color and Word), 선로 잇기 검사(Trail Making Test, TMT), 레이-오스테리스 복합도형(Rey-Osterrith Complex Figure), 위스콘신 카드분류 검사(Wisconsin Card Sorting Test) 등을 실시하기도 합니다.

제 아이는 정신건강의학과에서 종합주의력검사(CAT)를 받았습니다. 이 검사는 컴퓨터실에서 약 40분~1시간 동안 진행되며, 주의력을 다양한 측면에서 평가하는 종합적인 검사입니다. 단순선택주의력(시각, 청각), 간섭선택주의력, 억제지속주의력, 분할주의력, 그리고 작업기억력 등 총 5가지 주의력을 평가합니다. 과제는 특정 도형이나 색상, 신호음이 나올 때마다 키보드나 마우스 버튼을 누르는 방식으로 이루어집니다. 이 과정에서 눌러야 할 자극에 반응하지 않는 경우(주의력 부족)와 반대로 누르지 말아야 할 자극에 자꾸 반응하는 경우(충동성, 과잉행동) 등 아이의 반응을 통해 주의력 문제를 구체적으로 파악할 수 있습니다.

ADHD 진단의 적기가 만 6세라 하더라도, 이 시기의 아이들은 자신의 감정이나 생각을 언어로 정확히 표현하는 데 한계가 있습니다. 특히 진료실과 같은 긴장된 분위기에서는 아이가 위축되어 말 한마디 제대로 못 하는 경우도 흔합니다. 이 때문에 컴퓨터 기반의 정량적인 검사도 중요하지만, 임상 관찰을 통해 아이의 상태를 다각도로 살펴보는 것이 진단의 정확성을 높이는 데 필수적입니다.

ADHD 검사 유형별 특징

검사 유형	검사 종류	검사 목적 및 내용	소요 시간	비용	필수 여부
서면 검사	설문지 및 체크리스트	아이의 행동 특성 및 ADHD 가능성 평가 : 부모가 작성하는 설문지와 체크리스트를 통해 주의력, 과잉행동, 충동성 등을 평가	15~30분	진료비에 포함	모든 병원, 발달센터
면담 및 관찰 검사	구두 상담 및 관찰 평가	아이의 전반적인 행동 및 발달 상태 파악 : 부모와 아이의 인터뷰 및 행동 관찰을 통해 사회적 상호작용 및 문제 행동 평가	30~60분	진료비에 포함	모든 병원, 발달센터
과제 수행 검사	종합주의력 검사(CAT)	주의력 및 실행기능 종합 평가 : 컴퓨터 기반의 다양한 과제로 주의력 및 실행기능을 종합적으로 평가	40~50분	10만 원	상급 종합 병원, 발달센터
	정밀주의력 검사(ATA)	주의력 및 집중력 정밀 평가 : 컴퓨터 기반의 정밀한 주의력 및 집중력 평가	20~30분	10만 원	상급 종합 병원, 발달센터
	풀배터리 검사	종합적인 발달 상태 및 기능 평가 : 인지 기능, 정서, 사회성, 운동 기능 등을 종합적으로 평가	3~4시간	30~50 만 원	상급 종합 병원, 발달센터
	신경심리 검사	신경심리 기능 평가 : 심리, 사고, 작업기억, 주의력, 실행기능 등을 평가	검사 종류별로 상이		상급 종합 병원, 발달센터
	뇌파검사 (EEG)	뇌 기능의 전기적 활동 평가 : 머리에 전극을 부착하여 뇌의 전기적 활동을 측정	60분	10만 원	상급 종합 병원, 발달센터

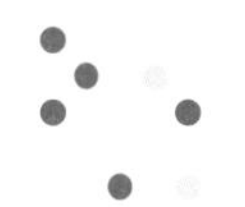

적기 진단,
적기 치료가 중요한 이유

얼마 전, SNS에서 한 엄마의 댓글을 읽었습니다. 성인 ADHD 증상을 설명한 게시물에 이젠 성인이 되어버린 아들의 증상과 똑같다며 남긴 댓글이었는데, 반응이 엄청났습니다.

'조금만 더 일찍 알았더라면, 우리 아들이 지금쯤 회사에 적응도 잘하고, 이쁨도 받았을 텐데…. 항상 바쁜 엄마라, 무지한 엄마라 미안해, 아들. 이렇게 다 크도록 몰랐다니….'

짧은 댓글이었지만 엄마로서 아이에게 더 나은 길을 열어주지 못한 것에 대한 미안함과 후회가 절절하게 묻어났습니다. 아이의 문제가 무엇인지 일찍 알았다면, 그래서 적절한 시기에 치료를 받았다면, 아이의 미래가 더 나아질 수 있었을 테니까요. 이 사례는 적기 진단과 적기 치료가 왜 중요한지를 다시 한번 생각하게 합니다.

아이를 사랑하는 부모의 마음은 누구나 크고 깊습니다. 하지만 사랑도 타이밍이 중요합니다. '조금만 더 일찍 알았더라면'이라는 후회가 전해주듯 ADHD는 발견, 진단, 치료의 타이밍이 매우 중요합니다. 지금 우리 아이가 보여주는 산만함과 그로 인한 크고 작은 어려움이 단순히 시간이 지나면 자연스럽게 나아질 문제인지, 아니면 전문가의 적극적인 도움이 필요한 문제인지를 적기에 빨리 판단해야 합니다.

"네가 왜 이러는지 모르겠어." - 적기 진단의 중요성

아이의 ADHD를 의심조차 하지 못했을 때, 저는 아이의 행동을 이해할 수 없어서 답답했습니다. 심지어 "도대체 네가 왜 이러는지 모르겠어. 엄마 힘들게 하려고 일부러 그러니?" 하고 마음의 답답함을 아이에게 토로하기도 했습니다. "엄마, 미안해요. 안 그러려고 했는데, 몸이 갑자기 나갔어요." 하며 우는 아이를 안고 같이 울었던 적도 있습니다.

그땐 정말 몰랐습니다. '훈육이 부족해서, 아이 뜻대로 받아줘서' 그렇다고 생각해서 더 엄하게 훈육했습니다. 그럴수록 아이는 더 거세게 반항하고 억울함을 내비쳤습니다. '엄마는 뭐든 못하게 하는 사람'이라며 불평하며 투덜댔습니다. 저와 아이의 관계는 악화하였고, 서로에게 말과 눈빛, 행동으로 상처를 주고받았습니다. 그야말로 악순환의 반복이었죠. 서로를 이해하지 못한 채, 문제의 원인을 잘못된 곳에서 찾으려 했던 그 시기가 지금도 마음에 큰 후회로 남아있습니다.

만약 그때 제가 아이의 ADHD에 대해 알았다면 어땠을까요? 아이의 마음에 생채기를 내지 않고 치료 효과도 더 좋아지지 않았을까요?

어떤 병이든 조기 진단은 치료 효과와 예후에 있어 매우 중요합니다. 특히 ADHD와 같은 발달장애는 진단이 늦어질수록 또래 아이와의 발달 간극이 커지며, 이로 인해 아이의 학습 능력뿐만 아니라 사회적 관계, 정서적 안정에도 큰 영향을 미칠 수 있습니다.

ADHD가 있는 아이들은 학습에 집중하지 못하거나 충동적인 행동을 보이는 경우가 많은데 만약 적기 진단으로 제때 치료가 이루어지지 않으면 이러한 행동이 학교에서는 단순히 '산만함'이나 '반항적인 태도'로 오해받습니다. 그래서 선생님의 꾸지람과 친구들의 따가운 시선을 받게 되지요. 시간이 지날수록 이러한 문제는 점차 커집니다. 설상가상으로 가정에서 제대로 이해받지 못한 아이들은 곧 사회적 관계에서 반복되는 차가운 시선과 오해 속에서 자존감이 무너집니다. 이는 결국 아픈 아이를 방치하는 것과 다름없습니다.

조금 먼저 이 길을 지나온 선배 엄마로서의 조언은 단 하나입니다. 아이의 산만함이 이상하다고 느껴진다면, 절대 미루지 말고 병원을 방문하세요.

아이 행동의 원인을 정확히 알아야 해결책도 나옵니다. 단언컨대, 적기 진단은 아이의 미래를 바꾸는 계기가 될 겁니다.

아이에게는 어떻게 알려줘야 할까?

ADHD 진단을 받았을 때 많은 부모가 아이에게 이 진단명을 어떻게 알려줘야 할지 막막했을 겁니다. 가장 먼저 부모의 감정을 점검해야 합니다. 부모가 불안하거나 걱정에 사로잡혀 있으면 그 감정이 아이에게 고스란히 전달됩니다. 그러니 부모의 감정을 다잡은 후, 아이가 느끼는 어려움을 중심으로 설명해주세요. 이때 아이가 겪는 불편함을 함께 이야기하고 공감하는 것이 가장 중요합니다.

아이가 수업시간에 자꾸 일어서서 지적을 받거나 친구들과의 대화에서 오해를 받아 힘들어한다면 이렇게 설명해보세요.

"수업 중에 가만히 있기가 힘들지? 몸이 저절로 움직이는 게 네 마음처럼 되지 않고? 병원에서 선생님 말씀대로 치료하면 네가 원하는 대로 몸이 움직이도록 도와주실 거야."

이런 설명은 아이가 자신의 어려움을 이해받고 공감받는다고 느끼게 해주어 치료를 긍정적으로 받아들이는 데 도움이 됩니다. 중요한 것은 부모가 느끼는 불편함이 아니라, 아이가 스스로 느끼는 어려움에 초점을 맞추는 것입니다.

제 아이는 그때 "그런데 왜 저절로 몸이 움직이는 거예요?"라고 되물었습니다. 이런 경우에는 아이가 이해하기 쉽도록 조금 더 구체적으로 설명해주는 것이 좋습니다. 아래는 실제로 아이와 나눈 대화입니다.

"어제 콧물이 나서 소아과에 갔었지? 약 먹고 나니 오늘 학교에서 어땠어?"

"오늘은 콧물이 안 나서 줄넘기를 더 잘할 수 있었어요!"

"그렇지. 약이 코를 건강하게 만들어준 덕분이야. 그것처럼 몸이 생각처럼 움직이려면 뇌가 건강해야 한대."

"뇌요? 머릿속에 있는 거요?"

"맞아. 뇌는 눈으로 볼 수 없지만 말이나 행동으로 뇌가 얼마나 건강한지 알 수 있어."

"그럼 저는 뇌가 건강하지 않은 거예요?"

"아니야, 뇌가 아직 자라는 중이라 그래. 키가 자라는 속도가 다 다르듯이, 뇌도 자라는 속도가 달라. 도움을 받으면 뇌가 더 튼튼해질 거야."

"그럼 콧물 때문에 약 먹는 것처럼 뇌도 건강하게 만드는 걸 도와줘야 하네요?"

"그렇지! 잘 이해했네. 뇌는 몸을 움직이도록 명령을 내리니까, 운동도 뇌를 튼튼하게 하는 데 도움이 돼."

ADHD 진단과 관련해 아이와 대화를 나눌 때 가장 중요한 것은 아이를 위한 대화여야 한다는 점입니다. 아이의 입장에서 알 권리를 존중하고, 아이가 이해할 수 있는 눈높이의 언어로 설명하는 것이 핵심입니다. ADHD 아이들은 누구보다 '내가 하고 싶은 일'이 뚜렷한 경우가 많습니다. 병원에 가는 이유와 훈련을 받는 목적을 스스로 이해할 때, 치료와 변화의 과정에 더 적극적으로 참여할 수 있습니다.

대화의 마지막에는 아이에게 희망과 신뢰를 심어주는 따뜻한 격려를 전하는 것을 잊지 마세요.

"우리 함께 노력해보자. 너도, 엄마(아빠)도 노력이 필요해. 선생님도 너를 도와줄 거고, 점점 네가 할 수 있는 일이 많아질 거야. 엄마(아빠)는 항상 널 사랑해."

이러한 격려는 아이가 가족의 든든한 지지를 믿고, 앞으로 나아갈 힘을 만들어줄 것입니다.

"알고만 있으면 뭐해?" - 적기 치료의 중요성

보건의료 빅데이터 개방시스템 통계자료에 따르면, 국내 ADHD 환자 수는 2019년 7만 1,362명에서 2022년 13만 9,696명으로 한 해도 빠짐없이 상승세를 보이며 3년 사이에 2배 가까이 증가했습니다. 적기에 제대로 된 치료가 이루어지지 않아 성인 ADHD 환자가 급증하고 있는 것입니다. 방송 프로그램과 각종 SNS를 통해 ADHD에 대한 인식이 확산하면서 '혹시 나도 ADHD일까?'라고 생각하는 성인도 점점 많아지고 있습니다.

적기 치료는 적기 진단만큼이나 중요합니다. 진단을 받은 후, 제때 치료하지 않으면 적기 진단 효과가 무의미해집니다. 특히 ADHD와 같은 신경발달장애는 적절한 치료 시기를 놓치면 일생에 큰 영향을 미칠 수 있습니다.

신윤미 교수의 《ADHD 우리 아이 어떻게 키워야 할까》(웅진지식하우스)에서는 '아동 ADHD는 진단과 치료 시기가 예후에 결정적'이라며, 인터넷에 떠도는 부정확한 정보 때문에 치료 시기를 놓치는 경우를 현장에서 많이 봐왔기에 적기 치료를 더욱 강조하고 있습니다.

적기 치료가 이루어지지 않을 때 어떤 것들을 놓치게 될까요? 학습 능력, 사회적 관계, 정서적 안정…. 여러 가지가 있지만 무엇보다 가장 중요한 것은 바로 '아이의 잠재력'입니다. ADHD가 있는 아이들은 종종 집중력 부족이나 충동적인 행동으로 인해 학업에서 어려움을 겪습니다. 그러나 적기에 적절한 치료를 하면 아이가 학습 능력을 최대한 발휘하도록 도울 수 있습니다. 즉 적기 치료는 아이의 잠재력을 제대로 발휘할 수 있도록 최선의 환경을, 필요한 때에 만들어주는 것과 같습니다. 아이의 학업 성취도와 자아존중감이 올라가는 건 당연하겠지요. 반면 적기 치료가 이루어지지 않으면 아이는 학습뿐만 아니라 사회적 관계에서도 큰 어려움을 겪을 수 있습니다. ADHD가 있는 아이들은 종종 사회적 신호를 잘못 이해하거나 충동적인 행동으로 인해 친구들과의 관계에서 어려움을 겪습니다. 적절한 치료가 이루어지지 않으면 이러한 문제들은 더욱 악화할 수 있으며, 이는 결국 사회적 고립이나 정서적 어려움으로 이어질 수 있습니다.

앞 장에서도 강조했듯이 만 6세 전후는 ADHD 치료의 골든 타임입니다. 이 시기에 적기 치료가 이루어지면 아이는 보다 건강한 발달 과정을 거칠 수 있습니다. 그러니 초등학교 입학 전후, 아이가 새로운 환경에 적응하고 학습 능력을 키울 수 있도록 진단과 치료를 시작하세요. 치료를 통해 아이의 잠재력을 최대한 발휘할 수 있도록 도와주고, 사회적 관계에서의 어려움을 예방해야 합니다. 부모로서 이 중요한 시기를 놓치지 않는 것이 아이의 미래를 위한 최고의 선택이 될 것입니다.

뇌는 평생 변화할 수 있습니다

뇌의 '신경가소성 이론'에 따르면 뇌는 평생 경험에 따라 변형되고 수정된다고 합니다. 끊임없이 성장할 가능성이 있으니 지금 우리 아이가 겪고 있는 어려움도 결코 끝이 결정된 것이 아닙니다.

지금 많이 힘드시죠? 하지만 이 시간이 부모와 아이를 더 강하게 만드는 과정이라는 걸 믿으세요. 부모로서 아이가 적절한 치료를 받을 수 있도록 돕는다면 아이는 점점 더 건강하고 강하게 성장할 것입니다.

사실 저 역시 여전히 양육의 어려움을 겪고 있습니다. ADHD가 한순간에 호전되는 그런 감기 같은 질병은 아니니까요. 아이의 뇌를 들여다볼 순 없으니 아이의 상태가 얼마나 좋아졌는지를 보이는 행동과 말로 판단할 뿐입니다. 하지만 분명히 달라진 점이 있습니다. 제 뇌가 ADHD 아이를 키우는 데 점점 더 최적화되고 있다는 것입니다. 왜 그런지 도통 알 수 없었던 과거와는 달리, 아이의 어려움을 이해하고 난 지금은 자신감이 생겼고 마음가짐도 바뀌었습니다. 제 비결은 바로 '적기 진단과 적기 치료만이 답이다.'라는 확신을 뇌에 각인한 것입니다. 만약 아직도 끊임없이 고민만 하고 계신다면 '적기 진단과 적기 치료' 이 두 가지 키워드를 꼭 기억하시길 바랍니다.

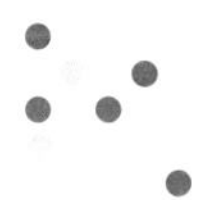

ADHD를 바라보는 두 가지 시선

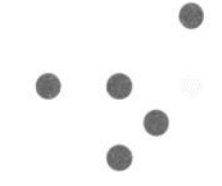

"애들이 다 그렇지. 크면 괜찮아져."

ADHD를 처음 접하는 부모는 주변의 반응으로 인해 혼란스럽기 쉽습니다. 아이가 산만하거나 집중력이 부족하다는 것을 인지하면서도 주변의 시선 때문에 문제를 애써 부정하거나 무시하기도 합니다. 이른바 '산만함은 아무 문제도 아니라는 시선'이죠.

이 시선은 부모에게 두 가지 감정을 불러일으킵니다. 첫 번째 감정은 안도감입니다. 내 아이가 다른 아이들과 똑같고, 특별한 문제가 없다고 믿고 싶어 하는 마음이 불안함을 이기는 겁니다. 그러나 이 안도감은 오히려 아이의 문제를 더 심각하게 만들 수 있습니다.

ADHD는 성장과 함께 자연스레 사라지는 것이 아니라, 적절한 치료와 관리를 통해 개선되는 장애입니다. 따라서 눈에 띄는 증상을 무시하거나 가볍게 여기면 아이의 학습 능력, 사회적 관계, 그리고 정서적 발달에 부정적인 영향을 미칩니다.

두 번째 감정은 불안감입니다. 겉으로는 아무것도 아닌 것처럼 행동하지만 마음속에서는 끊임없이 '정말 괜찮은 걸까?' 하는 의심이 떠오릅니다. 아이의 행동을 보며 계속 불안하고, 문제를 해결해야 한다는 압박감을 느끼지만, 이 불안감을 억누르고 주위 사람들의 말에 휘둘려 아이의 상태를 무시하다 보면 상황은 점점 더 악화합니다.

부모로서 아이를 사랑하는 마음에 '아이에게 문제가 있을 리 없다'라는 믿음을 더 크게 가지는 것은 당연합니다. 그러나 별문제 아니라는 시선은 부모에게 아이의 문제를 직시하지 못하게 하고, 나아가 중요한 조치를 미루게 만듭니다. 즉 부모에게 일시적인 안도감을 줄 뿐, 장기적으로는 아이의 발달에 부정적인 영향을 미칠 수 있습니다. ADHD는 정확한 진단과 적기 치료가 중요한 질환이기 때문입니다.

"안쓰러워서 어째?"

종종 ADHD를 중증 장애로 오해하는 사람도 있습니다. 이러한 시선은 부모에게 충격과 당혹감을 느끼게 합니다. 우리 아이가 ADHD로 인해 일상생활이 어려울 정도의 문제를 가지고 있다고 여기기 때문입니다. ADHD

는 '주의력 결핍 및 과잉행동 장애'라는 이름으로 불리지만, 흔히 알고 있는 일반적인 장애와는 조금 다릅니다. ADHD에서의 '장애(Disorder)'는 심각한 신체적, 정신적 손상이나 발달 차이로 인해 지원등급을 받는 '장애(Disability)'와는 달리 기능적인 어려움과 제약을 겪는 질환입니다. 따라서 ADHD 단일 증상만으로 장애등급을 받는 경우는 드물며, 장애등급이 인정되는 경우는 중증도의 심각한 증상으로 인해 일상생활이 어렵거나 자폐스펙트럼 장애, 양극성 장애 등 다른 장애가 동반될 때입니다.

ADHD를 바라보는 이러한 시선은 표면적으로는 위로로 보이지만 아이의 가능성과 잠재력보다 문제점에만 초점을 맞추어 부담을 안겨줍니다. 또한, 사회적인 배제와 편견이 담겨있어 부모에게 무력감을 줄 수 있습니다. 이러한 시선을 접할 때 부모는 자녀의 상황을 변호해야 한다는 부담감을 느낍니다. 때로는 "ADHD는 그렇게 심각한 병이 아니에요. ADHD는요…."라고 설명하기에도 어려울 만큼 무력해지기도 합니다.

최근 다양한 방송 프로그램과 콘텐츠 덕분에 ADHD에 대한 이해가 많이 높아졌습니다. 그러나 적대적 반항장애나 불안장애, 품행장애, 틱장애 등 다른 뇌 질환을 같이 가지고 있는 ADHD 아이의 증상이 자주 노출되다 보니, ADHD에 대해 그릇된 편견을 가지게 만드는 경우도 많습니다. 그러니 ADHD에 대한 올바른 정보와 인식이 어느 때보다 절실합니다.

주변의 시선에서 벗어나는 방법

지금 사회적 인식과 아이의 미래에 대한 막연한 두려움으로 힘든 시간을 보내고 있다면, 아이의 잠재력을 보는 눈을 가리지 않도록 주변의 시선을 용기내어 외면해보세요. 아이의 성장과 발달을 위해서 흔들리지 않고 지금처럼 우직하게 걸어가야 합니다.

ADHD가 있는 아이를 키우는 일은 절대 쉽지 않습니다. 주변의 시선, 사회의 편견, 그리고 부모로서의 책임감이 얽히면서 아이를 제대로 보는 것이 혼란스러울 수도 있습니다. 그러나 이러한 시선에서 자유로워져야 합니다.

시선의 방향을 외부로 돌리지 말고 아이에게 집중하세요. 그리고 아이의 행동을 객관적으로 관찰하고 기록하세요. 마치 실제 병원 방문을 앞둔 것처럼요.

예를 들어, '첫 병원 방문 시 설문지에 뭐라고 써야 할까?', '첫 상담에서 아이의 행동에 대해 어떻게 설명할까?'와 같은 구체적인 질문을 떠올리며 관찰하고 기록하는 것입니다. 이렇게 생각하며 아이의 행동을 보면 이전에 주변의 시선을 의식하며 아이를 바라보던 것과는 전혀 다른 시각을 가질 수 있을 것입니다. 이렇게 관찰하고 기록하는 방법에 대해서는 다음 장 '단단한 트라이앵글을 만드세요'에서 더 자세히 다루겠습니다.

많은 부모가 주변의 기대나 타인의 시선에 얽매여 아이를 평가하거나, 그에 맞춰 양육하려는 경우가 있습니다. 하지만 아이마다 각기 다른 발달 속도와 특성이 있으므로 남들과 비교하기보다는 우리 아이 고유의 성장 과정에 집중해야 합니다. 주변에서 "왜 저 아이는 이렇게 산만하지?"라는 말을 들더라도 흔들리지 않아야 합니다. 조금씩 천천히 나아질 거라는 믿음을 가져야 합니다.

아직 ADHD와 같은 질환에 대한 이해가 부족한 사회에서 산만한 우리 아이를 양육하는 데 어려움을 겪을 수 있습니다. 그러나 여러분은 결코 혼자가 아닙니다. ADHD 아이를 키우는 많은 부모들과 고민을 나누고, 대화를 이어가세요. 서로 위로하고 공감하면서 마음을 지키세요. 여러분의 마음이 굳건해야 아이도 건강하게 성장할 수 있습니다. 사랑하는 우리 아이에게는 그 어떤 시선보다 가족의 따뜻한 시선이 가장 중요하다는 사실을 꼭 기억해주세요

치료

단단한 트라이앵글을 만드세요

용기를 내어 병원을 방문했다면 이제는 본격적인 치료를 위해 노력해야 합니다. ADHD를 '천의 얼굴을 가진 질환'이라고 하는 것처럼 ADHD 치료 역시 아이의 증상에 따라 여러 방법을 병행할 수 있습니다.

무엇보다 의료진과 치료진, 그리고 부모가 한 팀이 되어 함께 움직이는 것이 중요합니다. 이 세 가지 축이 톱니바퀴처럼 잘 맞물려서 작용할 때 아이에게 가장 효과적인 도움을 줄 수 있습니다.

의료진(정신건강의학과 전문의)
정확한 진단과 약물치료

치료진(의료기관이나 발달센터)
약물치료 후 경과 관찰, 아이에게 부족한 부분을 근거 중심적 교육과 치료로 보완

부모(가정)
자극을 줄이고 예측 가능한 하루 만들기, 아이에게 필요한 전략 및 대처방안 적용

진단 후 치료 과정은 아이의 증상에 따라 다릅니다.

정신건강의학과에서 약물치료를 처방받을 경우 보통 1~2주에 한 번씩 방문하여 약물의 효과와 부작용을 관찰하고 처방을 조정합니다. 이후 아이가 약물에 잘 적응하고, 증상이 안정화되면 한 달에 한 번으로 방문주기가 늘어날 수 있습니다. 진료 시 부모는 학교와 가정에서의 행동 변화와 부작용 여부를 자세히 살펴 알려주는 것이 좋습니다.

이와 함께 의료기관이나 발달센터에서 사회성 증진 그룹치료, 인지행동치료, 감각통합치료 등을 병행합니다. 정신건강의학과와 연계되지 않은 발달센터를 선택할 경우, 아이의 상태에 대한 정보 공유가 이루어지지 않으니 진단서와 검사결과지를 준비해서 방문하는 것이 좋습니다. 발달센터의 방문 횟수 역시 아이의 증상 정도에 따라 달라집니다.

제 아이의 경우, 약물치료를 하지 않지만 뇌 발달을 돕는 특화된 센터를 다니며 주 3회, 50분 치료를 받고 있습니다. 이 역시 부모와 전문의가 아이의 상태를 자세히 관찰하며 결정한 것입니다. 매일 다니는 경우 비용이 큰 부담이 될 수 있으니 지자체별 '우리 아이 심리지원 바우처'를 신청하여 치료비 부담을 줄이는 게 좋습니다.

무엇보다 치료 과정에서 배운 방법을 아이와 가정에서 실천하는 것이 중요합니다. 아이는 치료실에서 배운 조절력과 집중력 훈련을 가정과 기관에서 실천하고, 부모는 부모교육을 통해 알게 된 전략이나 대처방안을 아이가 어려움을 보일 때 실천하는 것입니다. 한마디로 ADHD 치료 과정은 부모와 의료진, 치료진이 아이의 편에서 단단한 트라이앵글이 되어 정답을 함께 찾아가는 과정입니다.

우리 아이 심리지원 바우처

선배맘

아이가 ADHD 진단을 받으면 주민센터에 치료비 지원서비스인 '우리 아이 심리지원 바우처'를 신청할 수 있습니다. 월 지원금액과 횟수는 지자체별로 다른데 제가 사는 지역에서는 소득에 따라 서비스 가격의 90~20%까지 차등지원하고 있습니다. 2024년부터는 ADHD 아동을 위한 '우리 아이 심리지원 바우처'의 소득 기준이 폐지되어, 더 많은 가정이 다양한 서비스를 이용할 수 있게 되었습니다.

이 바우처를 사용할 수 있는 치료영역은 ADHD 아이들의 정서 및 행동적 문제 해결을 위한 언어치료, 인지치료, 놀이치료, 미술치료, 음악치료 등이 있습니다. 지원금과 본인 부담금을 더해서 치료를 진행하는데 치료영역에 따라 개별 또는 그룹 수업으로 진행합니다. 1 : 1 개별 수업은 회당 60분(50분 프로그램, 10분 부모 상담)으로 주 1회, 월 4회(18만~24만 원)까지 지원됩니다.

ADHD 치료 기관의 종류와 특징

분류	의료기관	전문발달센터	심리지원기관
접근	의학적 접근	발달적 접근	심리적 접근
목적	신경학적 기능 향상	신체 및 인지 기능 향상	심리 정서적 기능 향상
목표	약물치료를 통한 증상 관리 및 개선	뇌 기능의 전반적 발달과 개선	정서적 안정과 심리적 건강 증진
방법	상담과 약물치료	언어, 인지치료, 감각통합, 작업치료, 운동	놀이, 미술, 음악, 심리 상담
비용	1만~3만 원 (건강보험 적용), 초기 검사비용 별도 (검사항목에 따라 상이)	5만~8만 원 (건강보험 미적용, 바우처 적용 가능), 초기 검사비용 별도 (검사항목에 따라 상이)	4만 5천~8만 원 (건강보험 미적용, 바우처 적용 가능), 초기 검사비용 별도 (검사항목에 따라 상이)

관찰은 아이와 나를 성장하게 합니다

보통 '우리 아이, 혹시 ADHD가 아닐까?'라는 의심이 들 때는 많은 관심을 가지고 아이의 행동을 관찰합니다. 그러나 정작 실제 치료하는 과정에서는 전문가에게 그냥 맡기는 경우가 많습니다. 물론 전문가를 믿고 위임하는 건 좋은 태도입니다. 당연히 그래야 하지요. 하지만 ADHD 진단뿐만 아니라 치료에서도 관찰이 중요한 만큼 아이가 가장 오랜 시간을 보내는 가정에서 평소 아이의 행동을 관찰하여 어떤 행동 패턴을 보이는지 파악하면 치료에 큰 도움이 될 수 있습니다.

제가 지난 1년 동안 병원 치료와 병행하면서 가정에서 했던 노력 중 가장 도움이 되었던 루틴이 있습니다. 반복적인 실행으로 이제는 습관이 된 '관찰(Observe)-기록(Write)-대화(Conversation)' 루틴입니다.

간단한 예로 저희 아이는 게임을 하다가 지는 상황이면 반칙을 하거나 규칙을 바꿔서라도 이기려고 합니다. 특히 그 상대방이 동생이라면 펄쩍 뜁니다. 발달센터에서도 주머니 공을 일정 높이 이상 던지고 받는 연습을 할 때면 일부러 공을 살짝만 던져서 되받기 쉽게 동작을 수행합니다. 이는 성공 횟수를 높이기 위한 꼼수입니다. ADHD 아이들은 특정 상황에서 자신의 행동을 '결과 중심적'으로 생각하는 경향이 있습니다. 성공을 향해가는 '과정'보다 '성패'에 집착하지요.

일반적인 시선으로 보았을 때 동생에게 지기 싫어서 펄쩍 뛰는 아이의 모습은 별다른 의미 없이 지나칠 수 있는 상황일지 모르지만, ADHD 치료의 관점에서 이를 관찰하면 이처럼 다른 분석이 가능합니다.

부담 없이 기록하며 패턴을 발견하세요

기록은 관찰한 행동과 반응을 정확하게 분석하고 이해하는 데 중요한 절차입니다. 이 기록은 의료 전문가와의 상담에도 매우 유용하게 활용됩니다. 아이의 치료 진행 상황과 효과를 객관적으로 평가할 수 있는 자료가 되기 때문입니다.

기록이라는 말에 부담가질 필요는 없습니다. 그냥 가볍게 아이가 성장하고 발달하는 과정을 메모로 남긴다고 생각하면 됩니다. 중요한 것은 기록을 남긴다는 것 자체입니다. 아이가 '특정 상황'에서 어떻게 반응하고 행동하는지 관찰하여 기록하다 보면 아이의 감정과 생각, 행동이 어떻게 연결되는지 알 수 있고, 그러다 보면 어느 부분을 개선해야 할지 알 수 있습니다.

기록을 남길 때는 ①특정 상황(Situation) – ②행동(Action) – ③감정(Feeling) – ④사고(Thought) – ⑤전환(Transition)'의 순서대로 기록하는 게 좋습니다. 이 방법은 주로 인지행동치료(CBT)에서 사용하는 방법으로 ADHD 치료에 효과가 있는 것으로 알려져 있습니다. 인지행동치료는 잘못된 생각을 교정하는 인지적인 방법과 행동을 교정하는 행동주의적 방법을 포함하는 치료로 충동성을 감소하고 자기조절능력을 향상하여 신중한 행동을 유도하는 방법입니다.

그렇다면 특정 상황에는 구체적으로 어떤 것이 포함될까요? 특정 시간(등교 전, 수업시간, 하교 후, 취침 전 등), 특정 장소(학교, 가정, 치료 기관, 태권도장 등), 특정 사건이나 활동 등 여러 가지 맥락들이 포함됩니다. 이 모든 것이 행동의 단서가 될 수 있습니다.

특정 상황	행동	감정(느낌)	생각	전환
엄마, 동생과 가위바위보를 해서 계단 오르기를 하던 중, 연속해서 아이가 짐	씩씩대며 발을 구르고 다시 하자고 함. 자신에게 유리하게 규칙을 바꿔서 해보자고 제안	불안해함. 화를 냄.	게임에서 지면 '망했다', '동생보다 능력이 없다'라고 생각함	게임에서 진다고 능력이 없는 건 아님을 인식

치료 과정에서 진행하는 훈련이나 치료 경과도 방문 일자별로 작성하면 좋습니다. 될 수 있으면 전문가의 피드백을 당일 작성해두어야 치료 경과를 확인할 수 있습니다. 이렇게 기록하는 과정은 부모에게 치료 경과를 객관적으로 생각할 기회가 되며, 기록을 통해 아이와 부모가 가진 생각의 오류를 파악하여 올바른 행동을 유도할 수 있다는 점에서 중요합니다.

일자	센터 방문 전	주요 활동	어려운 점/개선된 점	숙제
3/7	하교길에 도마뱀을 잡느라고 시간 약속을 지키지 않고 놀다 가겠다고 떼를 씀	징검다리에서 발붙여 소리에 맞춰 걷기	-시간 개념에 익숙치 않음 -원하는 것을 못하면 떼를 씀 -발과 발을 붙여서 걷고자 노력함	-시간 개념 익히기 -간단, 단호하게 훈육 -버피테스트 20회 x 5회 실시 -징검다리 걷기 왕복 5회 실시

김익한 교수의 《파서블》(인플루엔셜)에서는 '생각이 빠진 성실은 필요 없다.'라고 강조하며, 진정한 목표와 욕구를 알아야 흔들리지 않고 나아갈 수 있다고 말합니다. 이와 같은 맥락에서 기록은 단순한 과정이 아니라, 치료를 돌아보고 아이와 공유하며 더 나은 실행을 위해 끊임없이 사유하는 과

정입니다.

이 작은 기록의 습관이 나비효과를 일으킵니다. 부모와 아이 모두 인지적 전환을 경험하게 되고, 언어와 행동 면에서 큰 변화를 가져옵니다. 예를 들어, 제 아이는 과거 작은 일에도 쉽게 포기했지만, 발달센터와 가정에서의 인지 훈련을 통해 도전 의식을 키우며 '줄넘기 1만 번'에 도전하는 모습을 보여주었습니다. 팔다리를 힘없이 흐느적거리며 줄을 돌리던 아이가 야무진 자세로 집중하는 모습을 보며 '많이 달라졌구나.' 하는 생각이 들었습니다. 놀이터에 함께 있던 친구는 "천 번도 힘든데 만 번이라고?" 하며 집으로 돌아갔지만, 아이는 포기하지 않고 최선을 다했습니다. 저녁에 다시 놀이터로 나온 친구도 깜짝 놀랄 만큼, 아이는 가족의 응원 속에서 만 번의 줄넘기를 3시간 만에 해냈습니다. 집으로 돌아와 "나는 포기를 모르는 남자야!"라며 의기양양해하는 모습이 너무나 대견하고 뭉클했습니다.

아이의 치료 과정을 공유하세요

병원이나 센터에서의 치료만큼 가정에서의 노력이 뒷받침될 때 치료 효과가 극대화될 수 있습니다. 이때 가장 필요한 것은 온 가족이 '한 팀(one team)'이라는 인식입니다. 축구 경기에서 모든 선수가 서로를 지원하고 전술을 조율하며 하나의 목표를 향해 나아가야 승리할 수 있듯이, 가족 구성원들도 팀으로 협력해야 아이의 치료 과정에서 최선의 결과를 얻을 수 있습니다. 그러므로 치료 과정에서는 가족 구성원 각자가 아이의 일상에서 관찰한 내용을 공유하는 것이 좋습니다. 이를 바탕으로 치료 방법이나 일정을 조정함으로써 아이에게 가장 적합하고 효과적인 치료 환경을 제공할 수 있기 때문입니다.

저는 발달센터에서 돌아오면 기록했던 내용을 바탕으로 아이의 발달 상황을 남편과 공유했습니다. 부부가 '어른의 대화'로서 충분히 아이의 변화를 숙지한 뒤, 편안한 시간대에 거실 탁자에서 아이들과 함께 모여 '아이 눈높이에 맞는 대화'를 나누려고 노력했습니다.

이렇게 기록한 정보와 관찰한 내용을 가지고 대화를 나누는 일은 가족 구성원이 한 팀으로서 같은 목표를 향해 나아간다는 점에서 중요합니다. 또 목표의 변경과 재설정에 모두 참여한다는 점에서 의미가 있습니다. 아이가 초등학교 저학년이더라도 현재 어려운 점과 개선이 필요한 점, 그리고 앞으로 어떻게 변화해 나가야 할지 등에 대해 자연스럽게 대화함으로써 아이가 가족의 일원으로서 받는 지지를 느낄 수 있게 합니다.

사실, 치료 과정 동안 롤러코스터에 앉아있는 듯한 기분이 들 때도 있었습니다. 호전과 악화의 기복이 심해질 때마다 기진맥진하기도 했습니다. 복잡한 감정과 다시 나아가려는 다짐 사이에서 수없이 갈등하며 다짐하기를 반복했죠. 하지만 가족 간에 서로 상황을 터놓고 이야기하는 방법이야말로 가장 단순하지만 효과적인 방법이었습니다.

아이도 치료 기관에 방문할 때마다 '지옥문에 들어갔다 나왔다'라고 표현할 정도로 힘들어했습니다. 잠시도 가만히 있지 못하는 날쌘돌이가 두 눈을 동그랗게, 두 귀를 쫑긋하며 얌전히 있는 것만으로도 크나큰 고난이었을 테니까요. 그런데 석 달 정도 지난 어느 날, 발달센터에 돌아오는 길에 아이가 제게 이런 말을 했습니다.

"엄마, 천국도 지옥도 내가 만드는 거야. 엄청 어려웠는데 자꾸 해 보니까 돼."

아이의 말을 듣는 순간 운전대를 잡은 채로 세상이 정지한 느낌이었습니다. 아이는 제가 생각지도 못한 사이에 자라고 있었던 것입니다.

이러한 결과는 '관찰(Observe)–기록(Write)–대화(Conversation)'의 세 가지 루틴을 통합적으로 실천한 덕분입니다. 치료 과정에서 아이의 변화를 세심하게 관찰하고, 행동에 따른 피드백을 꼼꼼하게 기록하며, 이를 바탕으로 가족 구성원들 간에 대화를 나누는 것만으로도 큰 변화가 생깁니다.

축구 경기는 11명이 한 팀으로 움직여야 승리할 수 있는 팀 스포츠입니다. 산만한 우리 아이를 잘 키우는 것도 마찬가지입니다. 가족이 한 팀이 되어야 합니다. 주치의가 감독이라면, 부모가 코치로서 아이와 가장 가까이에서 지도하고 응원하는 역할을 맡아야 합니다. 주치의는 전체 치료 전략을 세우고 방향을 잡아주고, 부모는 그 전략을 일상 속에서 실천하며 아이가 목표를 향해 한 발씩 나아가도록 돕는 역할입니다. 이렇게 모두가 한 팀으로 움직이면, 각자의 역할이 조화를 이루어 아이의 성장에 큰 힘이 될 수 있습니다.

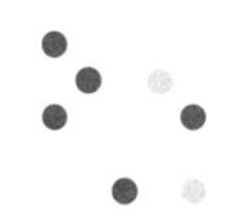

도파민, 비밀의 열쇠

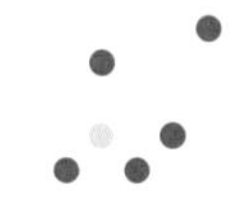

지하철 안이 북새통을 이루는 출근 시간, 화장실에 잠깐 앉아있는 시간, 그리고 잠들기 직전까지…, 우리는 언제 어디서나 숏폼 콘텐츠에 빠져들기 쉬운 시대를 살고 있습니다. 아이부터 어르신에 이르기까지 손에 쥔 핸드폰 화면에 온 신경을 집중하는 모습이 이제는 일상이 되었죠. 짧은 콘텐츠에 이렇게 몰입하는 이유 중 하나가 바로 도파민 자극입니다.

도파민의 과잉 자극으로 인해 우리의 뇌가 어떻게 반응하는지를 인식하게 된 건 비교적 최근의 일이지만 '도파민 중독', '도파민 금식', '도파민 디톡스'와 같은 신조어가 생겨날 만큼, 도파민과 중독 사이의 연관성에 관한 관심이 높아지고 있습니다.

애나 렘키의 저서 《도파미네이션》(흐름출판)에서는 현대 사회를 '도파민이 폭발하는 시대'라고 표현하며, 도파민의 과잉이 약물, 도박, SNS, 게임 등 다양한 중독 문제의 근본적인 원인이라고 지적합니다. 이처럼 도파민이 과도하게 분비될 때, 뇌의 균형이 무너지면서 충동적이고 반복적인 행동 패턴을 낳게 된다는 것입니다.

사실 '도파민'은 '성취감을 느끼거나 보상을 기대할 때 활발히 분비되는 신경전달물질'로, 목표를 달성하고 기쁨을 찾는 데 핵심입니다. 한 가지 예로 스키너 박스(Skinner Box) 실험을 떠올려봅시다. 생쥐가 박스 안에서 무작위로 움직이다가 우연히 버튼을 눌러 먹이를 얻었을 때, 그 순간 뇌에서는 도파민이 급격히 분비되어 큰 만족감을 느낍니다. 이 만족감을 다시 경험하고 싶어 생쥐는 버튼을 누르는 행동을 반복하게 되죠. 이러한 과정에서 보상이 주어지는 특정 행동을 반복하는 경향이 강화됩니다.

이는 마치 잭팟을 터뜨린 순간의 감격과 희열이 다시 레버를 돌리게 하는 것과 같은 원리입니다. 특정 행동에 대한 기대감을 느낄 때마다 도파민이 작용하여 그 행동을 반복하고 싶어지는 것이지요. 이렇듯 도파민은 자극과 보상을 통해 우리의 동기와 행동을 끌어내는 중요한 신경전달물질로 작용합니다.

그러면 ADHD 아이들과 도파민, 어떤 관계가 있을까요?

ADHD와 도파민 불균형

"어제는 에너지 1000%였는데, 오늘은 1%예요."

어젯밤만 해도 에너지가 남아 동생과 베개 싸움을 하며 잠들기 어려워하던 아들이 아침만 되면 에너지가 방전됩니다. 부드러운 마사지와 따뜻한 말로 뇌와 감각을 깨워주려고 노력하지만 아이에게 아침은 여전히 힘든 시간입니다.

이러한 현상은 '도파민 불균형' 때문입니다. ADHD 아이들은 도파민의 분비가 부족하거나 적절히 조절되지 않는 경우가 많아, 기쁨을 얻을 수 있는 행동에 대한 동기부여가 부족합니다. 그래서 자극적인 활동을 통해 자주 도파민을 분비하려는 경향을 보입니다.

예를 들어 ADHD 아이들은 TV 시청이나 게임과 같이 도파민이 분비되는 활동을 멈추면 큰소리를 지르거나 동생을 때리는 등 과잉행동을 보일 때가 많습니다. 이는 도파민의 급격한 분비로 고자극 상태에 있던 뇌가 갑갑작스러운 변화에 조절이 되지 않아 과잉행동으로 이어지는 것입니다. 즉 도파민 불균형이 이러한 문제의 근본 원인입니다.

ADHD를 치료하기 위해 사용하는 약물을 살펴보면 ADHD와 도파민의 관계를 더 잘 알 수 있습니다. 조수철 외 5인의 의사가 저술한《산만한 우리 아이, 어떻게 가르칠까?》(샘터)에 따르면 주의력 결핍증을 치료할 때는 신경 전달물질의 불균형을 정상화하기 위해 중추신경 자극제(Psychostimulant)를 처방한다고 합니다.

주로 메틸페니데이트(예 : 콘서타, 메디키넷, 리탈린, 페니드)를 처방하는데 이러한 약은 도파민 재흡수를 억제하여 도파민이 뇌 속에서 오랜 시간 동안 머물러 작용할 수 있도록 도와줍니다. 이외에 고농도의 도파민 분비를 유도하는 암페타민 기반 약물(예 : 애더럴, 바이반스)도 있습니다.

아침에 이 약을 먹으면 도파민이 분비되면서 활기차게 하루를 시작하게 돕고, 낮 동안에는 집중력을 유지해줍니다. 저녁이 되면 도파민 수치가 줄어들면서 뇌는 진정과 휴식을 취할 준비를 하게 됩니다. 이렇게 도파민을 최대한 하루의 리듬에 맞춰 균형 있게 조절하면서 ADHD 아이의 건강한 생활과 성장을 돕는 것입니다.

이처럼 도파민과 ADHD는 마치 떼려야 뗄 수 없는 관계입니다. 도파민은 자동차의 엑셀이자 브레이크 역할을 합니다. 추진력을 내어 앞으로 나아가게 돕는 한편 속도 조절이 필요할 때는 브레이크 역할도 하지요. ADHD 아이들에게는 이처럼 추진력과 속도를 조절하는 능력이 필요합니다.

무엇보다도, 아이들의 뇌는 '신경가소성(뇌가 경험에 따라 변화하는 능력)'이라는 놀라운 특성이 있기 때문에 도파민의 균형을 맞추는 방법을 통해 아이들의 뇌가 계속해서 발달하고 변화할 수 있습니다. 그러므로 도파민이 자연스럽고 적절하게 분비되고 조절되도록 돕는 '비밀의 열쇠'를 찾는 것이 무엇보다 중요합니다.

'진짜' 도파민이 중요합니다

도파민이라고 모두 같은 도파민은 아닙니다. ADHD 아이들은 특히 '진짜' 도파민과 '가짜' 도파민을 구분하는 것이 필요합니다. 진짜 도파민은 꾸준한 노력과 성취감을 통해 분비되는 도파민으로, 장기적으로 뇌의 긍정적인 변화와 성장을 촉진합니다. 반면, 가짜 도파민은 자극적인 미디어나 게임과 같은 활동을 통해 즉각적으로 분비되는 도파민으로, ADHD 아이들에게 더 큰 유혹이 되며, 지나치게 의존하면 뇌의 균형을 무너뜨립니다.

가짜 도파민의 덫

ADHD 아이들은 즉각적인 보상을 얻을 수 있는 고자극 환경에 특히 취약합니다. 쇼츠, 게임, SNS와 같은 자극적인 콘텐츠는 짧은 시간 내에 강한 자극과 보상을 주지만, 수동적인 반응만 가능하게 합니다. 이 반응을 통해 뇌에서 도파민이 빠르게 분비되지만 그럴수록 뇌가 더 강력한 자극을 원하게 되어 일상적인 생활에서 필요한 자극에는 제대로 반응하지 못하는 경우가 많습니다.

이러한 고자극 환경에 자주 노출되다 보면, 뇌의 도파민 수용체는 점점 둔감해져 일상적인 활동에서는 성취감을 느끼기 어려워지고 쉽게 지루함을 느끼게 됩니다. 그 결과 자극적인 활동에만 몰입하려는 악순환에 빠질 수 있습니다.

아이에게 필요한 진짜 도파민

진짜 도파민은 일관된 노력과 성취를 통해 분비되는 도파민입니다. 예를 들어, 운동하거나 문제를 풀고 책을 읽으며 성취감을 느낄 때 분비되는 도파민은 지속적인 만족감을 줍니다. 이렇게 능동적으로 몸을 움직이거나 두뇌를 활용하여 목표를 이루는 과정에서 나오는 도파민이야말로 ADHD 아이들이 건강하게 도파민을 얻고, 자기조절능력을 키우는 데 큰 도움이 됩니다.

요즘 부모들이 가장 자주 고민하는 문제 중 하나가 바로 '핸드폰 게임'입니다. ADHD 아이들에게는 작은 화면 속 빠른 시각적 전환과 강렬한 색감이 매우 유혹적이지만, 이는 단기간에 높은 도파민 분비를 자극하면서 뇌를 더 피곤하게 만듭니다. 시각적 자극이 강한 콘텐츠를 반복적으로 접하다 보면, ADHD 아이들의 동공이 자연스럽게 위로 치우치며 멍해 보이는 증상이 나타나기도 합니다.

저 역시 아이와 게임 문제로 실랑이를 벌였습니다. 처음에는 평일은 게임을 15분씩으로 제한하고 매일 스스로 조절하는 연습을 하고자 시도했습니다. 그러나 게임을 한번 하면, 최소 30분 이상은 해야 만족감이 든다는 아이의 요구에 따라 주중 5일 동안은 게임을 안 하고, 주말에는 1시간씩 2회 할 수 있게 해주었습니다. 하지만 이마저도 시력 문제 때문에 과감한 결단을 내려야 했습니다. '석 달 동안 게임 중지'.

결과는 어땠을까요? 세 가지 상황에서 단연, 일정 기간 게임을 중지했을 때 가장 큰 변화를 느꼈습니다. 예를 들어, 주말에 게임 후 동생을 때리거나 괜히 큰 소리로 화를 내던 행동이 눈에 띄게 줄어들었죠. 이는 가짜 도파민에 의존하지 않을 때 나타나는 긍정적인 변화였습니다.

이렇게 게임 시간을 조절할 때는 부부간 충분한 대화와 합의가 필요합니다. 한쪽에서는 '요즘은 다들 게임을 하니 조절만 잘하면 괜찮다'라는 의견을, 다른 쪽에서는 '게임은 자극적이어서 초등 저학년까지는 아예 하지 못하게 하는 게 낫다'라는 입장을 가질 수 있습니다. 저희 가정에서도 이상과 현실을 조율하기 위해 아이가 게임을 즐길 수 있는 요일과 시간을 정하고자 충분히 이야기를 나누었습니다. 이렇게 함께 기준을 마련하면 아이가 혼란을 느끼지 않고 책임감을 배울 수 있습니다.

이때 게임 자체가 나쁘니 무조건 하지 말라는 것이 아니라 게임이 아이의 뇌에 부정적인 영향을 줄 수 있다는 우려를 설명해주는 것이 좋습니다. 이렇게 하면 게임을 조절하며 즐길 방법을 함께 찾아보려는 부모의 마음이 전달됩니다. 아이에게는 부모가 자신이 좋아하는 것에 공감한다는 느낌을 주는 것도 중요합니다. 게임에 서툰 저도 종종 아이와 함께 게임을 하며 아이가 좋아하는 세계에 관심을 기울이고 있음을 느끼게 해주고자 노력하고 있습니다.

하지만 처음부터 게임 용도로 스마트폰을 주거나 컴퓨터를 사용하게 하는 것은 바람직하지 않습니다. 저는 스마트폰은 통화 용도, 컴퓨터는 업무용 도구로 설명하며, 일상에서도 그런 용도로 사용하는 모습을 꾸준히 보여주었습니다. 처음에는 컴퓨터로 게임을 하고 싶어하던 아이도 점차 컴퓨터를 자연스럽게 일을 위한 도구로 인식하게 되어 게임은 닌텐도로만 하고 있습니다. 유튜브와 같은 미디어 시청도 마찬가지입니다. 요즘은 유튜브를 통해 정보를 검색하는 경우도 많으니 무조건 미디어를 금지하기보다는 부모가 목적에 맞게 미디어를 사용하는 모습을 보여주고 미디어 시청 내역을 공유하는 것이 좋습니다.

현실적으로 쉽지 않겠지만, 가족과 함께하는 시간을 늘려 미디어의 비중을 줄이고, 즐거운 대안 활동을 하는 것이 가장 좋은 방법입니다. 저녁 식사 후 산책을 하거나 주말에 운동장에서 함께 공을 차는 등 미디어 대신 가족과 함께하는 시간을 만들어보세요. 이렇게 하면 아이가 자연스럽게 미디어에 대한 의존도를 줄이고, 가족과의 시간을 즐길 수 있게 될 것입니다.

거북이 결국 승리한단다

토끼와의 경주에서 결국 거북이 승리했듯이, ADHD 아이들에게도 천천히 성취감을 쌓아가는 과정이 중요합니다. 장거리 달리기를 하듯 저자극 환경을 유지하면서 서두르지 않고 꾸준히 목표를 향해 나아가게 도와주세요.

ADHD를 가진 아이에게는 일상에서 쉽게 이룰 수 있는 작은 목표를 제시하고 이를 달성하는 과정에서 자기효능감을 느끼게 하는 게 가장 좋습니다. 그러려면 규칙적인 생활과 균형 잡힌 일과가 필요합니다. 이러한 일과가 아이의 신체 리듬을 유지하고, 건강한 도파민 분비를 돕기 때문입니다.

또한, 실생활 속 다양한 활동을 통해 아이가 건강하게 진짜 도파민을 경험하도록 하는 것이 좋습니다. 예를 들어, 목표 횟수를 정하고 하기 좋은 줄넘기와 같은 운동이나 경쟁하지 않고도 자기만의 결과물을 자랑할 수 있는 창의적인 놀이, 가족과의 대화, 그림책 소리 내어 읽기와 같은 활동은 ADHD 아이들에게 안정감과 성취감을 줄 수 있습니다.

이렇게 매일 조금씩 쌓아가는 작은 성취들은 뇌에 긍정적인 자극을 주고, ADHD 아이들의 성장 열쇠인 '진짜 도파민'을 만들어냅니다.

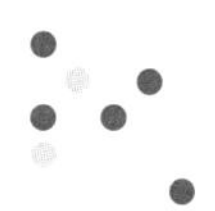

약, 먹여야 할까? 말아야 할까?

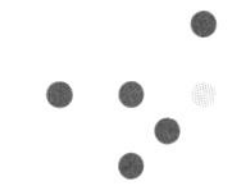

아이가 처음 ADHD 진단을 받고 약물치료를 권유받았을 때, 마음이 무거웠습니다. 아이 앞이라 눈물을 참으며 간신히 수납을 마쳤지만, 마음의 돌덩이는 점점 무거워졌습니다.

"왜, 약 먹이고 싶어?"

일주일간의 출장에서 돌아온 남편이 약 봉투를 보며 물었습니다. 순간, 억울함이 밀려왔습니다. 세상에 약을 먹이고 싶은 엄마가 어디 있을까요? 의사의 설명을 그대로 전달했을 뿐인데 졸지에 아이에게 정신과 약을 먹이려는 엄마가 되어버렸습니다. 약은 타왔지만, 일주일 동안 고민만 하느라 결국 아이에게 주지 못한 제 마음은 이해받지 못했습니다.

약은 치료의 시작일뿐인데, 도대체 약이 뭐길래 이런 복잡한 감정을 불러일으키는 걸까요?

정신건강의학과에서 바라보는 약물치료

정신건강의학과에서 약물치료를 권하는 이유는 분명합니다. ADHD는 약물치료가 가장 효과적인 치료법이기 때문입니다. 주의력 향상, 충동성 감소 등 실제로 약물치료를 받은 아이들은 눈에 띄게 좋아지는 경우가 많습니다. 하지만 정신과 약이다 보니 부작용이 걱정되는 것도 사실입니다. 그래서 부작용에 대해 전문의에게 물어보면 이렇게 답을 하십니다.

"어머니, 코감기약에도 부작용이 있어요."

아이가 코감기에 걸려 소아청소년과에 가면 진료 후 약을 처방합니다. 의사는 미세한 증상 차이를 확인하고 약의 종류나 용량을 결정합니다. 약사는 코감기약이 졸리는 부작용이 있으니 아침, 점심, 저녁 약을 따로 챙겨서 먹이라고 알려줍니다.

ADHD도 마찬가지입니다. 신경전달물질의 불균형을 정상화하여 충동적이고 산만한 행동을 조절해주지만, 식욕부진, 불면증, 두통, 메스꺼움 등의 부작용이 있을 수 있습니다. 그러니 용량을 지켜 주의해서 복용하되, 만약 부작용이 있으면 처방전을 바꾸어 조절합니다.

약을 한번 먹기 시작하면 성인이 될 때까지 먹어야 한다고 생각하는 분도 계시는데 상황에 따라 다르지만 보통 2~5년 정도 복용하며, 오랫동안 복용한다고 해서 뇌에 부정적인 영향을 미치지는 않는다고 합니다. 그러니 아이의 증상과 약효를 고려하여 꾸준히 복용하면서 종류와 용량을 조절하면 됩니다.

발달센터에서 바라보는 약물치료

발달센터에서는 약물 처방이 불가능합니다. 그러나 아이가 일상생활에서 어려움을 겪고, 이러한 문제가 가정이나 학교에서 타인에게 피해를 줄 정도이며, 학습을 하거나 친구와 관계를 맺는 데 심각한 어려움이 있다고 판단되면 정신건강의학과 전문의와 약물치료에 대해 상담을 하도록 권합니다.

그러나 발달센터에서는 약물치료를 뇌의 각 영역이 각자의 역할을 할 수 있도록 기반을 만들어주는 것으로 여기고 약물치료에 더해 비약물치료(부모교육, 조절 및 주의력 훈련, 사회성 증진 그룹치료, 인지행동치료 등)를 병행하도록 권합니다. 예를 들어 충동성과 행동 조절에 심한 어려움이 있어서 학교생활을 하기 어려운 아이의 경우, 충동성을 낮추는 약물치료와 함께 사회성 수업을 진행합니다.

즉 약물치료로 과잉행동이나 충동성, 부주의와 같은 핵심증상을 완화하면서 비약물치료로 어려움 극복을 돕는 거죠. 아이의 증상에 따라 비약물치료 위주로 진행하는 예도 종종 있습니다.

약물치료에 대한 견해가 다른 이유

약물치료에 대해서는 정신건강의학과 전문의마다 견해가 다를 수 있습니다. 제 아이의 경우, 일반병원과 상급 종합병원 정신건강의학과에서 약물치료에 대해 다른 의견을 받았습니다. 일반병원의 A 전문의는 약물치료를 권했는데, 그 이유는 학교에서 발생할 수 있는 문제들을 미리 예방하기 위해 소용량으로 약물을 복용하는 것이 좋겠다는 판단이었습니다. 반면, 상급 종합병원의 B 전문의는 아이에게 ADHD 소견을 내렸지만, 최근 3개월 동안의 학교생활 상담 결과를 바탕으로 약물치료를 권하지 않았습니다.

그리고 약을 먹일지 말지의 판단 기준에 관해 두 가지만 고려하면 된다고 하셨습니다. 아이 스스로나 타인에게 피해를 주는 경우나 위험에 빠뜨릴 가능성이 있는 경우에는 반드시 약물치료를 시작해야 한다고 했습니다. 그러면서 부모와 교사, 주치의가 하나가 되어 아이의 상태를 지속해서 자세히 관찰하는 것이 중요하다고 강조했습니다.

약물치료에 대한 기준이 명확한데 왜 같은 아이에 대해 전문의마다 약물치료에 대한 견해가 다를까요? 이는 사람마다 '판단 양식'이 다르기 때문입니다.

제 아이는 당시 다니던 유치원에서 종종 동생 반에 들어가 다른 아이들을 방해하는 행동을 했습니다. 이에 A 전문의는 아이의 행동을 타인에게 피해를 준 행동이라고 판단하고, 약물 개입이 없다면 앞으로도 이 같은 행동이 반복될 가능성이 크다며 약물치료를 권했습니다. 반면, B 전문의는 아이가 타인에게 피해를 준 것은 맞지만, 이후 아이가 잘못을 인식하고 스스로 조절하려고 노력했기 때문에 개선의 여지가 있다고 판단하여 약물치료를 미루고 경과를 지켜보자고 한 것입니다.

이처럼 전문가마다 판단 양식이 다르므로 약물치료에 대한 의견도 달라질 수 있습니다.

그래서 어떤 약을 먹게 되나요?

ADHD 약물치료는 중추신경 자극제를 통해 도파민의 재흡수를 지연시키는 것이 주된 방식입니다. 다른 질환에 비해 약물치료가 효과적이지만 질환의 완치를 위한 치료제는 아니며 필요한 신경전달물질의 양을 증가시켜 증상을 개선하는 치료제입니다. ADHD 약물은 만 6세 이상에게만 처방할 수 있는데 아이마다 증상이 다르고 동반되는 문제도 다양하므로 처방에는 세심한 주의가 필요합니다.

《산만한 우리 아이, 어떻게 가르칠까?》(샘터)에 따르면 ADHD 아이들에게 허가된 대표적인 치료제로 페니드, 메디키넷, 콘서타, 페로스틴 등이 있습니다. 이 약들의 주성분인 메틸페니데이트는 뇌 신경세포의 흥분을 전달하는 도파민과 집중력을 높이는 노르에피네프린을 증가하여 중추신경계를 자극하는 약물입니다. 제 아이의 경우, 처음에 메틸페니데이트 계열의 메디키넷 5mg을 처방받았습니다. 이 약은 알약을 삼키기 어려운 경우, 파우더 제형으로도 처방받을 수 있어 요구르트나 꿀에 섞어 복용할 수 있습니다. 메디키넷과 콘서타는 효과가 거의 유사하나 효과의 지속시간이 다릅니다. 메디키넷의 효과는 약 복용 후 6~8시간 동안 지속하고, 콘서타는 장시간 동안 효과가 지속(12시간 정도)하는 것으로 알려져 있습니다. 이 외에 암페타민 계열의 약물로 애드럴이나 바이반스가 있습니다. 초기 용량은 2.5~5mg으로 시작하고 효과가 10~12시간 지속합니다.

두 계열 모두 식욕 감소, 수면 장애, 두통과 같은 부작용이 나타날 수 있고, ADHD와 틱 장애가 함께 있는 경우 틱 증상이 심해질 수 있으므로 주의해야 합니다. 틱 증상이 동반된 경우, 클로니딘과 같은 α-2 효현제를 처방받을 수 있습니다. 원래는 고혈압 치료제이지만, 틱 행동을 개선하는 데 도움을 줍니다. 다만, 주의력 결핍에는 직접적인 효과가 없습니다. ADHD와 우울증이 동반된 경우에는 항우울제(심환계 항우울제, 선택적 세로토닌 재흡수 억제제 등)를 처방하기도 합니다.

정신건강의학과 전문의는 아이의 기관 생활 및 활동시간을 전반적으로 고려하여 아이에게 가장 적합한 약을 처방합니다. 복용량과 복용시간 등은 처방전에 제시된 그대로 지켜야 하며 부모는 아이가 약물을 복용하는 동안, 특히 복용 후 2~3개월 정도까지는 행동 변화나 부작용이 있는지 유심히 관찰해야 합니다. 주로 보일 수 있는 공통적인 부작용은 식욕 감소와 수면 장애입니다. 심한 부작용을 보일 때에는 반드시 약을 처방한 전문의와 상의하여 복용량이나 복용시간을 조정하거나 아이에게 맞는 다른 치료제를 찾아야 합니다.

결국 약은 뇌의 기능적 문제를 해결하기 위한 도구입니다. 눈이 나쁘면 안경을 끼고 감기에 걸리면 약을 먹는 것처럼, ADHD 치료에 있어 약물은 그 이상도 이하도 아닌 치료 도구입니다. 그러나 '내성이 생기면 어쩌지?', '아직 어린아이에게 어떻게 약을 먹일 수 있을까?', '아이에게 약을 먹여서 정말 괜찮아질까?'와 같은 불안감과 망설임이 드는 것은 당연합니다. 게다가 전문의의 판단마저 다르다면 가족들에게 허심탄회하게 사실을 설명하고 신중하게 의논해야 합니다. ADHD 약물은 아이의 뇌 기능을 보완하는 도구로 여기고 다양한 치료 방법을 함께 고려하는 것이 바람직합니다.

다른 자녀의 마음도 살펴주세요

우리 집에는 산만한 아들과 조용한 딸이 있습니다. 한배에서 나왔는데, 어쩜 이렇게 다를 수 있을까 싶을 정도로 성향이 정반대입니다. 아들은 항상 에너지가 넘쳐서 종일 뛰어다니며 여동생을 놀리거나 툭툭 치고 지나갑니다. 그러면 딸은 처음에는 웃으며 같이 장난치지만 결국 다툼과 눈물로 끝이 납니다.

어느 날, 딸 아이가 "엄마, 오빠는 항상 아기 같은 행동만 해요. 엄마가 하지 말라고 했는데도 말이에요."라며 볼멘소리를 했습니다. 사실 아무리 제가 두 아이를 똑같이 대하려고 노력해도 아들이 먼저 여동생에게 시비를 걸고 괴롭히니 동생 앞에서 꾸중을 하는 일이 잦았습니다.

딸 아이의 말을 듣고 마음이 무거워진 저는 아들과 딸에게 각각 데이트 신청을 하고 아이들의 마음을 물어보기로 했습니다.

오빠의 마음

"엄마, 저는 동생 앞에서 혼나면 동생이 미워요. 동생 때문에 혼난 거 같아요. 그리고 슬퍼요."

슬프다는 말이 가슴 아프게 다가왔습니다. 아이는 여동생 앞에서 혼나면서 수치심과 창피함을 느끼고 있었습니다. 또 동생이 자신의 잘못된 행동을 지적하고 이르는 바람에 혼난다고 생각해서 불공평한 마음에 억울하다고 했습니다. "왜 나만 혼나요."라는 말은 그냥 하는 말이 아니었습니다. 그러면서도 "동생을 놀리면 반응이 귀여워서 놀리게 돼요. 안 그러려고 노력할게요."라며 따뜻한 진심을 전했습니다.

여동생의 마음

"엄마, 난 오빠가 울 때 불쌍해요. 혼내지 말아줘."

아이는 오빠에 대해 동정심을 느끼고 있었습니다. 오빠가 자꾸 놀린다며 혼내달라고 할 때는 언제고, 이런 말을 하는 것은 의외였지만 아들도 딸도 참 안쓰러웠습니다. 엄마인 제가 잘못해서 이런 감정을 느끼게 하나 싶었습니다. 딸 아이는 오빠가 혼날 때 분위기가 얼음처럼 꽁꽁 얼어버린다며, 무섭다고도 했습니다. 그러면서도 오빠가 엄마 말을 잘 들었으면 좋겠다고 덧붙였습니다. 은연중에 오빠에 대해 부정적 이미지를 가지고 있는 것 같아 걱정스러웠습니다.

어른인 저도 혼란스러운데 아이들은 오죽할까요. 아이들이 이렇게 많은 감정을 느끼고 생각을 하고 있는지 처음으로 알게 되었습니다. 그리고 그동안의 제 행동이 아이들에게 미친 영향을 깊이 생각하게 되었습니다. 공정함을 생각하느라 배려심을 놓쳤구나 싶었습니다. 사실 공정함도 제대로 못 지켰던 것 같기도 합니다.

'둘째는 사랑'이라는 말처럼, 평소 아낌없이 사랑을 주었다고 생각했던 딸이 "엄마는 오빠만 좋아해."라고 말할 줄은 상상도 못 했습니다. 그러고 보니 큰아이와 발달센터에 다녀왔던 날, "엄마, 오늘 오빠랑 데이트했으니까 저랑도 빙수 먹으러 가요."라는 말에는 딸이 느꼈을 외로움과 서운함이 그대로 담겨있었습니다.

사실 형제자매 중에 한 아이에게 ADHD가 있다면 어쩔 수 없이 그 아이에게 시간과 노력, 에너지를 더 많이 쓰게 됩니다. 평소 손이 더 많이 가기도 할뿐더러 아이와 발달센터나 병원에 다녀와야 하므로 상대적으로 ADHD 아이와 보내는 시간 자체가 많아집니다.

ADHD 아이에게 형제자매가 있다는 것은 어떤 의미일까요? 반대로 형제자매가 ADHD라면 어떨까요? 부모는 양쪽 처지에서 생각해보아야 합니다. 서로가 다름을 통해 존중과 배려를 배울 수 있지만, 이 다름으로 인한 불만이 자칫 형제자매 간의 불화를 불러일으키지는 않는지 말입니다. 그 가운데 서있는 부모의 역할이 참 중요한 건 물론입니다. 다른 자녀의 배려와 이해를 당연하게 여기는 것은 절대 금물이며, 한 아이에게만 치우친 사랑과 관심이 다른 자녀에게는 고통이 될 수 있다는 점을 잊지 않아야 합니다.

그래서 제가 찾은 방법은 적어도 일주일에 한 번은 딸과 둘만의 시간을 가지는 것이었습니다. 아들이 아빠와 함께 운동장에서 축구하고 목욕탕에 다녀오는 동안 딸과 도서관에서 책도 읽고 빙수도 먹고 문구점 쇼핑도 즐겼습니다. 그 시간만큼은 온전히 딸에게 집중하며 사랑과 관심을 충분히 표현하려고 노력했지요.

둘이 다툼이 있었을 때는 동생 앞에서 아들을 꾸중하는 것이 아니라 일단 떼어놓고 진정시킨 후 아들을 따로 불러 주의를 주었습니다.

이렇게 오빠의 체면을 지켜주고, 딸의 소외감을 푸는 시간을 충분히 가지자 긍정적인 변화가 찾아왔습니다. 각자 부모로부터 충분한 사랑을 받는다고 느껴서인지 더는 "엄마는 오빠만 좋아해.", "동생이 미워요."란 말을 하지 않게 된 것입니다.

서로 다른 장점을 찾아 표현하는 시간을 가지는 것도 좋습니다. 우리 집에서는 저녁 식사시간에 모두 함께 식탁에 둘러앉아 '칭찬 게임'을 합니다. 식사 중에도 자주 다투는 아이들을 위한 아빠의 특별한 아이디어입니다. 규칙은 간단합니다. 서로에게 칭찬을 한마디씩 하고 나서 식사를 시작하는 거죠. 하고 싶은 말이 있으면 손을 들고 자기 이름을 외치면 됩니다. 아이들뿐만 아니라 저희 부부도 함께 참여합니다.

"난 우리 오빠가 제일 멋있어. 웃기고 재밌어. 그리고 항상 날 지켜줘."
"난 내 동생이 제일 귀여워. 날 보면 웃어주고, 같이 놀아줘서 고마워."

말에는 힘이 있다고 합니다. 서로 칭찬의 말을 주고받을 때, 좋은 감정이 싹트게 되죠. 가족 구성원이 서로의 장점을 칭찬하며 서로의 마음을 인정해준다면 이 순간들이 모여 가족이 진정한 한 팀이 될 수 있습니다. 함께하는 모든 순간이 소중하게 쌓여, 서로를 더 깊이 이해하고 지지하는 가족이 되어가길 바랍니다.

고칠 방법이 아닌 도울 방법을 찾아주세요

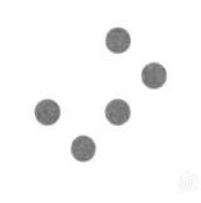

축하받지 못하는 아이, 고개 숙이는 부모

유치원 졸업식 날이었습니다. 아이와 손을 잡고 설레는 마음으로 유치원 뜰로 들어섰습니다. 같은 반 친구가 아이의 이름을 부르며 환하게 달려왔고, 저는 미소로 화답했습니다. 하지만 이내 뒤에서 들려온 목소리가 제 발걸음을 멈추게 했습니다.

"쟤가 OOO이니?"
"네가 그렇게 개구쟁이라며?"

아이의 이름이 들려서 고개를 돌려 눈인사를 하던 저는 순간 당황했습니다. 아들은 인사를 하고 이내 친구들과 즐겁게 어울렸지만, 저는 잠시 멍하니 벤치에 앉아 지난번 유치원을 방문했을 때 일을 떠올렸습니다.

그날은 아이에게 깜짝 이벤트를 선물한 날이었습니다. 며칠 전부터 "엄마, 나는 엄마가 회사 안 갔으면 좋겠어요. 아침에 엄마랑 같이 유치원에 가고 싶어요."라고 했넌 말이 기억에 남아 아이에게 기분 좋은 하루를 선물하고 싶었습니다. 반차를 내고 오랜만에 함께 등원하는 길, 아이는 세상에서 엄마가 제일 좋다며 춤을 추었고, 그 모습을 보며 행복했습니다.

하지만 유치원에 도착하자마자 마주친 한 여자아이가 차가운 눈으로 우리를 바라보며 얘기했습니다.

"어, OOO이다. 아줌마, OO이 엄마예요? OO이가 선생님 말씀도 안 듣고, 교실에서 돌아다녀서 수업에 방해돼요. 자기 멋대로예요. 봐 봐요, 지금도 인사도 안 하고 혼자 올라가잖아요."

마치 머리를 세게 맞은 것 같았습니다. 그 아이에게 미안하다고 사과하며 아이를 잘 타이르겠다고 웃으며 말했지만, 이후 온종일 웃을 수가 없었습니다. 그날 이후로 저는 아이를 더욱 엄하게 대했습니다. 사회적 시선으로 인한 압박감으로 아이의 말과 행동을 더욱 조심시켰습니다. 하지만 시간이 지날수록 그때 제 행동이 옳았는지, 아이에게 상처를 주진 않았는지 후회가 남았습니다.

유치원 졸업을 축하하는 날이었지만 저는 여러 가지 생각에 잠겼습니다. 덕담인지 아닌지 모를 말이 오갔습니다.

"OO이 집에서도 말 안 듣죠? 요즘 애들이 다 그렇죠. 똑똑해서 그래요, 똑똑해서. 어른들 머리 위에 있어요. 근데 바로 사과하니까 웃고 말아요."

이런 말이 제 마음을 무겁게 했습니다. 아이를 칭찬하는 것이 아니라 산만함을 핑계 삼아 저에게 던지는 말처럼 느껴졌기 때문입니다.

'작은 여자아이의 말이 어른인 내게도 이렇게 큰 상처로 다가오는데…. 우리 아이는 어떤 감정을 안고 유치원을 다녔을까?'

졸업식이 진행되는 강당에서 저는 맨 뒷줄에 서서 남몰래 눈물을 훔쳤습니다. 축하받지 못하는 아이의 모습과 고개를 숙인 제 모습이 겹쳐져 마음이 아팠습니다. 명랑하고 밝은 내 아이가 그동안 충분히 축하받지 못했다는 생각에 가슴이 저렸습니다. 지금까지는 얌전한 딸과 대비되는 아들을 나무라기만 했는데, 조금 더 아이의 마음을 헤아려줄 걸 하는 후회가 밀려왔습니다. 그리고 '이제는 내가 아이 옆에서 든든한 버팀목이 되어줘야겠다.' 하고 굳게 다짐했습니다.

고칠 방법이 아닌 도울 방법을 찾아주세요

부모라면 누구나 아이가 잘못된 행동을 할 때 이를 바로잡아주고 싶은 마음이 생깁니다. 아이의 충동적 행동이나 주의력 부족을 보며 '이걸 대체 어떻게 고쳐야 하나?'라는 고민을 하게 되죠. 그러나 ADHD가 있는 아이의 경우, 단순한 훈육으로 문제를 해결하기 어려운 순간이 많습니다. 그런데 이런 행동이 정말 '고쳐야 할' 문제일까요?

ADHD 아이의 행동은 단순히 의지 부족으로 인한 것이나 버릇없는 행동이 아닙니다. 다만 뇌의 기능적 특성으로 인해 우리가 생각하는 일반적인 규칙을 지키기 어려우니 도움이 필요한 순간이 있습니다. ADHD는 '다르게 생긴 빵'과도 같습니다. 생김과 향기, 촉감이 다르지만 맛은 같습니다. 그저 숙성 속도가 조금 느리니 그에 맞는 숙성 기간이 더 필요합니다.

이러한 이해를 바탕으로 우리는 아이에게 적절한 도움을 줄 수 있어야 합니다. ADHD 아이를 바라보는 시선을 '고친다'라는 관점에서 '돕는다'라는 관점으로 전환해야 합니다. 이러한 관점의 변화는 단순한 단어의 차이가 아니라 아이의 삶을 대하는 부모의 마음가짐을 근본적으로 바꾼다는 것을 의미합니다. 부모의 역할은 아이를 비판하고 수정하는 것이 아니라, 아이가 자신의 방식으로 성장할 수 있도록 돕는 것이어야 합니다.

게다가 아이의 행동을 고치려는 노력은 때로 역효과를 낼 수 있습니다.

문제의 본질을 이해하지 못한 채 훈육을 강요하면, 아이는 자신의 행동이 잘못되었다는 압박감을 느끼며 자신을 부정적으로 인식하게 됩니다.

보이는 행동을 개선하는 방법

산만한 우리 아이가 환영받지 못하는 상황은 대부분 옳지 않은 행동 때문에 생깁니다. 그렇기에 ADHD 아이의 행동을 바르게 이해하고, 어떤 부분에서 어려움을 겪는지 알아야 합니다.

ADHD 아이들에게 주의력 부족과 충동성 문제가 발생하는 큰 원인은 뇌의 기능적 어려움으로 인해 실행기능이 떨어지기 때문입니다. 즉 계획적 사고가 어려워 순간의 자극에 주의를 빼앗겨 원래 실행하려고 했던 행동으로 돌아오기가 어렵습니다. 또 순간의 감정이나 자극에 의해 행동하기 때문에 충동으로 인한 결과가 어떻게 될지 생각하는 것이 어렵습니다.

그렇다면 어떻게 해야 아이를 효과적으로 도울 수 있을까요? 먼저, 온 가족이 함께 목표를 정하고, 그 목표를 실현하는 데 필요한 세부 목표들을 대화를 통해 만들어보세요. 목표는 거창할 필요 없습니다. 평소 ADHD 아이들이 어려워하는 일상의 과제를 향상할 수 있는 목표로 설정하면 됩니다.

중요한 점은 상위 목표와 세부 목표(실천 계획)를 행동적 개선을 생각하여 구성하는 것입니다. 가령, 상위 목표가 '준비물 챙기기'라면, 세부 목표는 '전날 가방 확인하기', '알림장 열기', '숙제 확인하기', '필통 챙기기' 등으로 쪼개어 루틴으로 이어서 할 수 있게 구성하면 좋습니다. 상위 목표가 '친구 사귀기'라면 세부 목표는 '손 흔들며 인사하기', '이름 불러주기', '고운 말투 사용하기' 등으로 구성합니다.

최대한 아이 스스로 목표를 설정하고, 그 목표를 이루는 데 필요한 실천 계획을 세울 수 있도록 부모님이 옆에서 도와주세요. 이렇게 어떤 노력을 통해 목표를 이룰 수 있을지 함께 고민해보는 것만으로도 아이의 학교생활이 크게 달라질 수 있습니다.

주의력 향상은 작업기억에 주목하라

'작업기억(Working Memory)'이란 '주어진 정보를 짧은 시간 동안 유지하고 조작할 수 있는 능력'을 말합니다. 쉽게 말해 머리에 있는 메모장이라고 볼 수 있습니다. 이 작업기억을 강화하면 주의력과 문제해결력을 강화할 수 있습니다.

ADHD 아이들은 머리가 나쁜 것이 아니라 이 메모장의 크기가 작아서 복잡한 지시를 한번에 이해하고 수행하기 어려워합니다. 그러니 부모가 아이에게 지시를 내릴 때도 아이가 수행해야 할 일을 작은 단위로 나누어 한

번에 하나씩 명확하게 전달하는 것이 좋습니다. 예를 들어 "방을 치워라." 라는 지시보다는 "먼저 책상 위 물건을 제자리에 둬.", "다 했으면 바닥에 떨어진 쓰레기를 버릴래?" 하고 한 가지 과제를 세분화하여 구체적이고 단계적인 지시를 주는 것입니다. 간단한 기억력 게임이나 일상적인 활동을 통해 작업기억을 훈련할 수도 있습니다.

작업기억을 향상하려면 하루의 계획을 시각적으로 표시해주는 방법이 효과적입니다. 반복적으로 해야 할 일을 노트 표지 안쪽 면에 붙여두는 것도 좋습니다. 뇌에 있는 작은 메모장을 보조해주는 외부 메모장을 활용하는 방법이죠. 이 방법으로 해야 할 일을 단계적으로 확인하기 쉽게 해주면 아이는 혼란스러워하지 않고 차근차근 자기 일에 집중할 수 있습니다. 이렇게 일상의 작은 습관에 익숙해지면 점차 자신감을 생겨 자신이 할 수 있다는 믿음을 가지게 됩니다.

충동 행동을 줄이는 방법 : 생각할 시간을 주세요

"생각하고 행동하라고 했지!"

ADHD 아이에게 자주 하게 되는 말 중 하나입니다. ADHD 아이들은 언어적, 행동적 충동 때문에 상황과 맥락에 맞지 않은 말과 행동을 쉽게 합니다. 그래서 ADHD 아이에게는 생각할 시간을 주어야 합니다.

첫 번째 방법은 '타임아웃'을 활용하는 것입니다. 아이가 충동적인 행동이나 말을 하기 전에 잠시 멈추고 생각할 수 있도록 유도하는 것이죠. 예를 들어, 아이가 억울한 표정을 하고 동생을 바라본다면 곧 다툼으로 이어질 가능성이 큽니다. 이때 잠깐 멈춤이 필요합니다. 아이의 주의를 환기하고 엄마의 눈을 바라보게 한 다음 "왜 이런 감정이 드는지 생각해보고, 지금 이 상황에서 어떻게 해야 할지 생각해보자."라고 말해보세요. 이는 아이가 순간적으로 행동을 제어하고, 더 신중한 결정을 내릴 수 있도록 도와줍니다.

두 번째 방법은 '자기 대화' 기법입니다. 아이가 자신에게 "지금 이렇게 행동하면 어떤 결과가 생길까?" 하고 질문하도록 가르치는 것이죠. 처음에는 부모님이 이 질문을 던져주세요. 이 과정을 몇 번 거치다 보면 점차 아이 스스로 이 질문을 할 수 있게 됩니다. 시간이 걸리더라도 인내심을 가지고 기다려주는 것이 중요합니다. '자기 대화'는 심리 상담에서도 자주 사용하는 기법으로, 충동적인 행동을 줄이고 행동에 따르는 결과를 더 잘 인식하게 만듭니다.

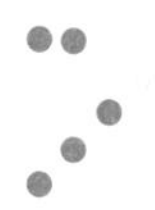

운동하는 습관이 아이 뇌를 바꿉니다

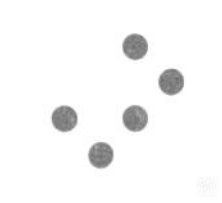

"딱 10분만 운동하고 나오자."

운동은 해야 하는데 진짜 하기 싫을 때, 한 번쯤은 자신에게 해 본 말이죠. 막상 운동을 시작하면 10분이 훌쩍 지나고, 그 후에는 개운하고 성취감도 느껴지는데 왜 이렇게 시작이 어려운 걸까요?

사실 운동을 자주 하는 사람들에게도 시작은 늘 쉽지 않습니다. 하지만 그 어려운 시작을 반복하면 운동이 습관이 되고, 몸이 기억하고 뇌가 따라갑니다. 습관의 힘은 이렇게 반복에서 시작합니다.

《아주 작은 습관의 힘》(비즈니스북스)의 저자 제임스 클리어는 작은 변화의 반복이 큰 성과로 이어진다고 강조합니다. 1%의 작은 개선이 모이면 인생을 바꾸는 커다란 변화가 된다는 것입니다. ADHD를 지닌 아이들에게도 이 원리는 다르지 않습니다. 그들에게는 '10분'이 아니라 '1분'이 태산처럼 느껴질 수도 있지만, 이 시간이 모여 더 큰 성취로 이어질 수 있습니다.

'시작이 반'이라는 말에서 그 반을 이끄는 것은 바로 '반복의 힘'입니다. '마음먹기'라는 작은 시작에 '반복의 힘'을 더하면 처음에는 어려웠던 일도 시간이 지나며 익숙해지고, 그러다 보면 성취감이 쌓입니다.

실행기능을 높이는 운동의 효과

ADHD 아이들은 실행기능이 낮아 여러 가지 어려움을 겪습니다. 실행기능은 '목표를 세우고 계획을 수립하며, 이를 실행하는 데 필요한 단계를 조율하는 능력'입니다. 예를 들어, 준비물을 챙기는 것처럼 간단해 보이는 일도 사실 고차원의 실행기능이 필요한 활동입니다. 필요한 준비물의 종류가 무엇인지 파악한 후 눈으로 필요한 준비물을 찾아야 하고, 이를 가방에 챙겨 넣는 일련의 과정을 수행해야 하므로 실행기능이 부족하면 준비물 챙기기를 해내기 어렵습니다.

운동은 아이의 신체 조절능력을 향상해 다양한 활동에서 성공 경험을 쌓을 수 있게 하고, 아이가 더 체계적으로 자기 일을 계획하고 수행할 수 있도록 돕습니다. 예를 들어, 한 발 뛰기처럼 간단한 운동으로 균형을 잡는 연습을 하며 신체를 조절하는 법을 배울 수 있습니다. 줄넘기, 공 던지고 받기 등도 간단한 운동으로 보이지만 아이에게 목표를 설정하게 하면 그 목표를 달성하는 과정에서 몸을 조절하고 협응하며 실행기능을 향상할 수 있고, 성취감을 느낄 수 있습니다. 이런 작은 성공 경험이 쌓이면, 아이는 자신의 능력을 점점 더 믿게 되고, 신체를 조절하는 힘이 탄탄히 다져지면 아이는 더 높은 목표와 새로운 도전을 두려워하지 않고 적극적으로 나서게 됩니다.

ADHD 아이들에게 운동은 단순한 신체 활동을 넘어 주의력 강화와 충동성 감소에 큰 도움을 줍니다. 《두뇌 자극 몸 놀이 지침서》(소울하우스)에 따르면 몸 놀이는 흥분과 억제를 조화롭게 조절하는 뇌의 각성 시스템에 관여합니다. 그래서 적절한 운동 후에는 흥분이 가라앉고 너무 처지지 않으면서 집중하기 딱 좋은 상태로 전환되어 인지능력 향상에 도움이 됩니다. 또한, 의도적이고 정교한 움직임은 뇌의 여러 영역과 상호작용하여 지적능력, 정서 및 사회적 능력의 발달을 도모합니다.

이렇게 운동을 통해 기초 체력을 기르고, 이를 바탕으로 실행기능을 강화하면 아이는 점차 스스로 계획하고 실행하는 능력을 갖출 수 있습니다. 이 과정에서 부모님의 격려는 필수입니다. 아이가 목표를 달성했을 때 작은 보상을 주는 것도 큰 동기부여가 됩니다. 그러니 아이가 스스로 자신의 발전을 느끼며, 더 큰 목표를 향해 나아갈 수 있도록 매일 운동하는 습관을 기르게 해주세요.

운동과 전두엽의 상관관계

감각통합전문가

ADHD 아이들은 의학적으로 고위 인시 기능의 집합체인 전두엽이 더디게 발달합니다. 전두엽은 뇌의 다른 영역에서 들어오는 정보를 조정하고 행동을 조절하여 목표 지향적 활동을 만들어내는 데 중요한 역할을 합니다. 예를 들어, 균형판 위에서 균형을 잡을 때 소뇌가 균형을 유지할 수 있게 돕지만 균형판 위에 발을 올리고, 앞을 보고, 넘어지지 않게 하는 전반적인 조율은 전두엽이 합니다. 그러므로 몸을 쓰는 대근육 움직임은 운동 피질과 소뇌를 자극할 뿐만 아니라 전두엽에 좋은 피드백을 주어 발달에 도움이 됩니다.

뇌에는 '운동, 언어, 인지, 정서 및 사회성'을 담당하는 영역이 나뉘어 있는데 외부 자극이 다양한 감각기관을 통해 뇌에 전달될 때 이 영역들이 서로 영향을 주고받으며 함께 발달합니다. 특히 최대한 많은 신체 부위를 동원하여 실컷 뛰어놀 때 아이의 뇌에서는 놀라운 변화가 생깁니다. 충분한 움직임이 그만큼 많은 회로를 만들어서 두뇌 발달을 촉진하기 때문이지요. 몸을 활발하게 움직이는 것은 뇌가 가장 좋아하는 일을 하는 것과 마찬가지입니다.

ADHD 아이에게 강력하게 도움이 되는 운동에 관한 연구는 아직 미흡하지만 균형 감각을 강화하는 운동과 유산소 운동(자전거 타기, 달리기, 수영 등)은 주의 전환이 많지 않고 한 가지에 주의를 집중해야 하므로 주의력을 증진하는 데 도움이 될 수 있습니다.

보상은 힘든 운동도 즐겁게 만듭니다

'보상으로 운동을 시킨다니?'라며 의아해할 수도 있습니다. 그러나 ADHD 아이들은 내적 동기만으로는 행동을 지속하거나 새로운 습관을 형성하기 어려운 경우가 많습니다. '이 운동을 하니 점점 건강해지는 것 같아. 이따 저녁에 더 해야지.' 하고 스스로 동기부여를 하며 운동 계획을 세우기란 거의 불가능합니다. 오히려 '이 동작을 3세트 하면 원하는 간식을 먹을 수 있으니 열심히 해야지.'라는 생각이 훨씬 효과적입니다.

아시다시피 ADHD 아이들에게 즉각적인 보상은 행동의 반복을 유도하는 데 효과가 큽니다. 그러니 운동과 같은 신체 활동도 처음에는 외적 보상으로 시작하게 하고, 성취감을 느끼게 하면서 점차 운동 자체의 즐거움과 내적 동기로 이어지게 하는 게 효과적입니다.

제 아이에게는 용돈이 효과적이었습니다. 할아버지께 받은 용돈은 전부 스쿨뱅킹 통장에 넣어두었고, 주 단위로 조금씩 용돈을 주었습니다. 일부러 용돈을 조금 부족하게 주는 대신에 다양한 활동을 통해 용돈을 벌 기회를 주었지요. 다음 장에 소개한 '준이네 용돈 모으기'는 실제로 아이와 함께 만든 체력 훈련 보상표입니다. 아이와 함께 적절한 운동 목표를 세우고, 목표별로 알맞은 금액을 책정하고, 함께 디자인했습니다.

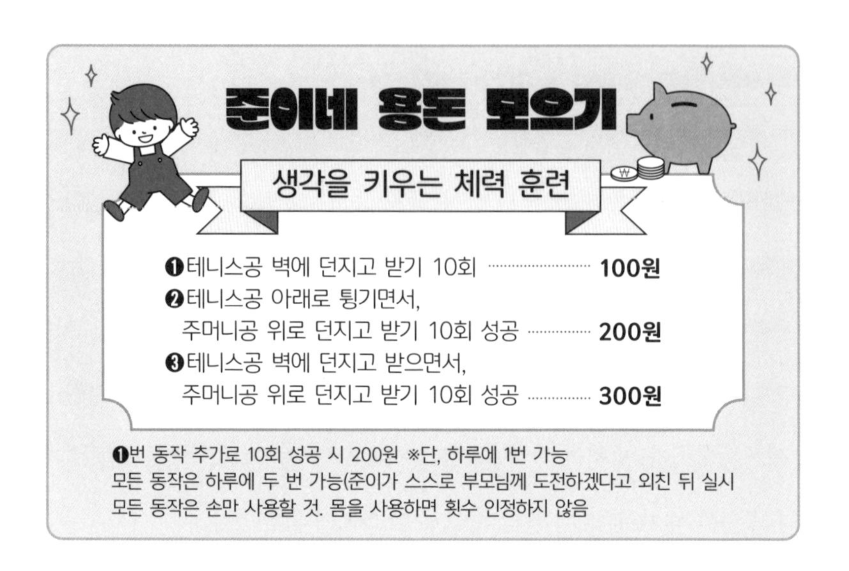

부모가 함께하면 그 효과는 더욱 커집니다. 제 아이는 주로 운동선수인 아빠와 함께 운동했지만, 그때마다 저도 함께하려고 노력했습니다. 이렇게 적절한 보상 시스템을 마련하고 부모가 운동 과정에 동참하면 아이는 힘든 운동도 놀이처럼 즐겁게 할 수 있습니다.

ADHD 아이들에게 중요한 것은 꾸준함입니다. 처음부터 완벽하게 하지 않아도 괜찮습니다. 중요한 것은 매일 조금씩이라도 실천하는 것입니다. 아이가 지칠 때는 잠시 쉬어가도 괜찮지만 다시 시작할 수 있도록 격려해주세요. 매일 10분씩 꾸준히 운동하면, 아이는 점점 더 긴 시간 동안 집중할 수 있게 되고, 자기조절능력도 크게 향상합니다.

100일의 기적 : 작은 시작이 큰 변화를 만듭니다

"엄마, 나 태권도에서 팀 게임 했는데, 내가 끝까지 버텨서 우리 팀이 이겼어! 나보다 두 살이나 많은 상대 팀 형은 끝까지 못 버텼어. 내가 해냈어, 엄마!"

태권도를 마치고 집으로 달려온 아이가 환호하며 말했습니다. 형님, 누나들이 잘했다고 칭찬해줬다며 뛸 듯이 기뻐했습니다. 자신을 자랑스럽게 생각하는 그 눈에는 세상의 모든 행복이 담겨있었습니다. 그동안 발달센터와 집에서 기초 체력 훈련을 꾸준히 해왔기 때문에, 태권도장에서도 끈기 있게 게임을 마칠 수 있었던 것입니다.

"우아, 정말 대단한데! 그동안 열심히 운동한 보람이 있네. 잘했어."

꾸준함을 이기는 왕도는 없습니다. 하지만 ADHD 아이들은 인내심이 부족하니 성취하기 쉬운 목표를 제시하는 것이 좋습니다. "나는 1분도 할 수 없어."라고 말하는 아이에게는 "그럼 10초만 해 볼까?"라고 작은 목표를 제안해보세요. 10초가 성공하면 "이번엔 20초에 도전해볼까?"라고 격려하며 시간을 점진적으로 늘려가는 겁니다.

ADHD 아이들에게 가장 필요한 것은 작은 성공의 경험입니다. 이렇게 작은 목표를 세우고 성공하는 경험을 쌓다 보면 아이는 성취감을 느끼며 조금씩 성장하게 됩니다. 그러니 노력은 최소로, 성과는 최대로 낼 수 있게 도와주세요. 내가 이걸 잘할 수 있는 아이라는 자기효능감이 생길 겁니다.

바쁜 일상이지만 부모와 아이가 함께하는 10분을 확보하세요. 그리고 매일 10분의 노력을 100일 동안 꾸준히 이어가 보세요. 매일 회사에 가고 학교에 가듯, 당위성을 부여하고 실천하는 겁니다.

이 시간을 통해 부모는 아이의 성장 과정을 지켜보고, 아이의 눈높이에서 세상을 바라보며 함께 변화할 수 있습니다. 중요한 건 인내심을 갖고 매일의 루틴을 지켜나가는 것입니다. 하루 10분으로 시작한 시간이 점차 15분, 20분으로 늘어날 때, 그동안의 노력이 열매를 맺는 순간을 경험하게 될 것입니다. 매일 함께 운동하며 시간을 보내면, 그 과정에서 아이와 부모 모두 성장합니다. 100일 동안 아이와 함께한 시간이 쌓이면, 우리의 몸과 마음이 저절로 그 시간을 기억하고 자연스럽게 움직이게 될 것입니다. 그렇게 100일이 되면 아이의 내일은 분명히 달라질 겁니다. 그 무엇보다 소중한 이 시간은 아이와 부모 모두에게 아주 커다란 의미로 다가올 겁니다.

산만한 우리 아이의 내일을 변화시키는 힘은 바로 작은 습관의 힘입니다. 사소해 보이는 매일의 훈련이 쌓여 큰 변화를 이뤄낼 겁니다. 좌충우돌

1학년을 보내고 난 우리 아이가 "엄마, 나 이제 뭐든지 할 수 있어!"라고 자신 있게 말하는 모습을 상상해보세요. 이 모든 것이 작은 시작에서 비롯된 기적입니다.

다음에 소개하는 4주 홈 프로그램은 이 책의 감수자이자 《두뇌 자극 몸놀이 지침서》의 저자인 감각통합치료사 송우진 선생님이 만든 것입니다. 조절력과 충동 억제 능력을 기르는 데 효과적인 몸 놀이를 연령대별, 발달 영역별로 소개하였습니다. QR코드로 활동 방법을 안내해드리니 주차별 몸 놀이를 하루 10분씩, 4주 동안 재미있게 해 보세요.

조절력과 충동 억제 능력을 기르는 4주 홈 프로그램(4~6세)

발달 영역	1주	2주
균형 발달	훌라후프 허들 넘기 (4세)	발등으로 콩주머니 옮기기 (4세)
중심근육 발달	탄력밴드 당기며 걷기 (4세)	푸시업 자세로 한 손 들기 (4세)
움직임 조절 발달	바구니로 공 받기 (4세)	풍선 위로 치며 앞으로 걷기 (4세)
양측협응 발달	개구리 점프·토끼 점프 (4세)	앞으로 콩콩콩 뛰기 (5세)

출처 :《두뇌 자극 몸 놀이 지침서》

*활동 사진에 표시한 나이는 활동 권장 나이입니다.

발달 영역	3주	4주
균형 발달	제자리에서 멀리 뛰기 5세	이동하며 점프하기 5세
중심근육 발달	두 발로 휴지 탑 쌓기 5세	짐볼에서 물건 맞추기 6세
움직임 조절 발달	과녁 맞히기 5세	숫자 듣고 점프하기 6세
양측협응 발달	누워서 외줄 오르기 5세	바닥 뜀틀 6세

조절력과 충동 억제 능력을 기르는 4주 홈 프로그램(7~8세)

발달 영역	1주	2주
민첩성 발달	책 피해서 점프하기 7세	움직이는 바구니에 공 넣기 7세
집중력 발달	막대로 공 조준하여 치기 7세	배에 콩주머니 올려 옮기기 7세
운동계획 발달	랜덤 점프하기 7세	몸으로 풍선 띄우기 8세
운동협응 발달	고리 펜싱 7세	점핑잭 7세

출처 : 《두뇌 자극 몸 놀이 지침서》 *활동 사진에 표시한 나이는 활동 권장 나이입니다.

발달 영역	3주	4주
민첩성 발달	컵으로 탁구공 받기 (8세)	손바닥 탁구 (8세)
집중력 발달	공 바운스하기 (7세)	계란판에 탁구공 던지기 (8세)
운동계획 발달	풍선 배구 (8세)	줄넘기 (8세)
운동협응 발달	다리 사이로 8자 만들기 (8세)	풍선 제기차기 (8세)

호전과 악화, 반복되는 매일이 힘겨울지라도

ADHD 아이를 키우는 일은 순탄하지 않습니다. 아이의 발달은 때로는 위아래로 흔들리면서 나아가고, 어떤 때는 다시 뒤로 돌아가는 것처럼 보입니다. 마치 주식 차트처럼 출렁이는 이 과정에서, 부모는 수많은 감정을 느끼게 됩니다. '이제 좋아지는 걸까?' 싶다가도 갑작스러운 문제행동을 보면 '다시 돌아간 걸까?' 하는 불안감에 휩싸입니다.

그러나 ADHD 아이의 발달 과정이 늘 우상향 직선으로 나아가는 것이 아니라 종종 위아래로 출렁이며 흔들리는 곡선과 같다는 것을 이해해야 합니다. 아이의 발달을 차분히 지켜보면서 아이의 일시적인 변화나 퇴보에 대해 과하게 반응하지 않고, 긴 시간의 흐름 속에서 아이의 성장을 지켜보셔야 합니다.

"약을 1년이나 먹었는데, 그때뿐이야."

"센터를 2년이나 다녔는데 나아진 게 있는지 모르겠어. 다른 센터를 알아볼까?"

"약 처방이 잘못된 것 같아. 아이가 더 충동적인 것 같아서 약을 끊고 지켜봐야겠어."

주변에 아이의 ADHD를 치료 중인 부모님에게 이런 이야기를 종종 듣습니다. 그러나 불안과 불신이 의사결정의 기준이 되어서는 안 됩니다. 그저 지켜보기만 해서도 안 됩니다. 중요한 것은 객관적인 정보와 충분한 상담을 바탕으로 신중하게 결정하는 것입니다. 긴 호흡으로 아이의 발달을 관망하면서 발달 과정의 큰 그림을 그릴 수 있어야 합니다.

약을 끊고 발달센터를 옮기는 문제는 아이의 치료 환경을 바꿔버리는 것입니다. 이런 결정은 아이에게 큰 혼란을 주어 오히려 발달 과정에 부정적인 영향을 미칠 수 있습니다. 치료 환경이 바뀔 때마다 아이가 느낄 혼란을 생각해보세요. 교실만 바뀌어도 낯설어하는 게 아이들입니다.

ADHD 아이의 발달 과정은 직선 경로로 단숨에 이루어지는 것이 아닙니다. 의학적으로도 뇌의 구조와 기능적 차이로 인해 행동과 주의력이 변하는 특징을 가집니다. 그러므로 아이가 약물치료나 발달센터에서의 훈련을 받으며 나아지는 듯 보이다가도, 언제든 갑자기 문제행동이 다시 나타날 수 있습니다. 이러한 상황은 부모에게 큰 불안감을 줄 수 있지만 이것이 발달이 멈췄다는 신호는 아닙니다.

발달 과정의 변동성은 자연스러운 일임을 이해하고 받아들여야 합니다. 관망하는 자세를 가지면 이런 일시적인 변동을 당황하거나 좌절하지 않고 오히려 아이의 성장 과정의 한 부분으로 받아들일 수 있게 됩니다. 아이가 꾸준히 나아가고 있는 큰 그림을 보면서 작은 흔들림에 일희일비하지 않게 됩니다.

처음에는 누구나 두렵고 걱정스럽습니다. 저도 마찬가지였습니다. 아이가 나아지는 모습을 보일 때는 기뻤다가도, 다시 문제가 생기면 불안과 걱정으로 마음이 흔들리게 되지요. 그러나 부모가 지나치게 민감하게 반응하면 아이는 더 큰 영향을 받습니다. 아이도 자신의 변화를 자연스럽게 받아들여야 자존감을 키워갈 수 있다는 사실을 기억하시기 바랍니다.

비교하지 말아야 할 두 가지 : 과거와 타인

오늘도 부모는 아이의 변화를 기대하며 최선을 다해 치료를 돕고 있을 겁니다. 드러나지 않는 그 노력이 얼마나 큰지 측정하기 어렵지요. 어쩌면 ADHD 아이를 둔 부모는 자신의 삶을 뒤로하고, 오로지 아이를 위해 모든 것을 바치고 있을지도 모릅니다. 저 역시 그런 시간을 보냈기에 그 마음을 잘 압니다. 이러한 노력의 과정에서 부모를 흔들리게 만드는 두 가지 큰 요인이 있습니다.

첫 번째는 과거의 아이와 지금의 아이를 비교하는 것입니다. '이제 다 나아졌다고 생각했는데, 다시 예전처럼 돌아가는 것 같아.' 이런 생각은 정말 가슴이 내려앉을 만큼 두렵게 다가옵니다. 아이가 한동안 차분해지고 행동이 안정적이었는데, 갑자기 담임 교사에게 전화라도 오면 온 신경이 곤두섭니다. 그러면서 '내 모든 노력이 헛된 게 아닌가?'라는 자책감과 불안이 밀려오기도 합니다.

하지만 이런 생각이 아이와 나, 모두에게 해로운 생각이라는 것을 깨닫고 난 뒤로 저는 의식적으로 그런 생각을 하지 않으려고 노력했습니다. '다시 예전으로 돌아간다.'라는 것은 있을 수 없으며, 언제나 '앞으로 나아간다.'라는 마음가짐으로 더 나은 방향을 생각하려 했습니다. 마치 스스로 주문을 걸듯이 말이죠.

과거의 아이 모습과의 비교는 아이의 발달을 이해하는 데 큰 걸림돌이 됩니다. 걸려 넘어지면 상처가 나고, 두려움에 더 나아가지 못하게 만듭니다. 과거는 이미 지나갔고, 현재의 아이는 그때와는 다른 아이입니다. 노력해온 결과가 당장 눈에 보이지 않을 수 있지만, 그동안의 경험과 배움이 아이의 내면에 쌓여있고, 분명히 조금씩 성장하고 있을 겁니다.

두 번째로는 다른 아이들과 내 아이를 비교하는 것입니다. '다른 아이들은 잘하는데 내 아이만 왜 이럴까?'라는 생각은 부모를 지치고 힘들게 만듭니다. 다른 아이들은 빠르게 나아가는 것처럼 보이는데, 내 아이는 여전히 같은 문제를 반복하고 있는 것 같다면? 당연히 불안과 무력감을 느낄 수 있습니다.

그러나 아이마다 발달의 속도와 방향이 다릅니다. 특히, 내 아이에게는 ADHD라는 특성이 있기에 그 과정이 더 길어질 수 있습니다. 이런 비교는 아이의 고유한 발달 과정을 존중하지 못하는 것이며, 오히려 부모와 아이 모두에게 상처가 될 수 있습니다.

이런 비교를 하지 않으려면 어떻게 해야 할까요? 가장 중요한 것은 긴 호흡으로 아이의 발달을 관망하는 것입니다. '관망하다'의 사전적 의미는 '한발 물러나서 어떤 일이 되어가는 형편을 바라보다.', '풍경 등을 멀리서 바라보다.'입니다. 여기서 중요한 것은 '한발 물러나서', '멀리서', 그리고 '바라보다'입니다. 즉, 상황에서 잠시 물러서서 아이의 발달을 객관적으로 관찰하고, 멀리서 큰 그림으로 조망할 수 있어야 한다는 뜻입니다. 이는 부모로서 아이의 발달을 객관적으로 바라보고, 매일매일의 변화에 일희일비하지 않으면서 아이의 성장 과정을 응원하는 태도를 의미합니다.

매일의 변화는 작고 느리게 느껴질 수 있지만, 긴 시간의 흐름 속에서 아이는 분명히 나아가고 있습니다. 아이가 자신의 방식대로 성장할 수 있는 시간을 주고, 그 과정에서 부모로서 아이의 작은 성취를 지켜보며 응원하는 건 어떨까요?

흔들림 속에서도 성장하는 아이를 믿어야 할 때

위아래로 흔들리며 올라가는 ADHD 아이의 발달 과정에서 부모의 마음은 불안하고 흔들릴 수 있지만, 중요한 것은 결국 우상향으로 나아간다는 믿음을 갖는 것입니다.

아이의 상태가 개선되는 것처럼 보이다가도 다시 악화하는 상황이 반복될 때, 과거의 모습이나 다른 아이와 비교하지 않아야 합니다. 아이가 스스로 조절하지 못하는 상황에서도, 부모가 흔들리지 않고 안정된 마음을 유지하면 아이는 더 큰 자신감을 얻고 성장할 수 있습니다.

"너는 생각할 수 있어. 너는 괜찮은 아이야. 포기하지 마."

최민준의 《아들코칭 백과》(위즈덤하우스)에서는 헬렌 켈러를 모티브로 한 영화 〈블랙(Black)〉을 언급하며, 교육에서 가장 중요한 말로 이 문장을 소개합니다. 오늘, 사랑하는 아이에게 이 말을 건네보세요. 함께 그 길을 걸어가는 부모님께도 따뜻한 응원을 보냅니다.

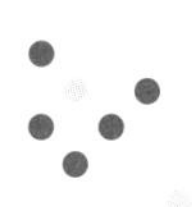

성공적인 치료의 끝, 아이의 행복을 찾아서

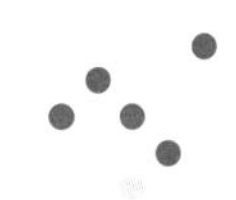

아이가 ADHD 진단을 받고 치료를 이어가던 어느 날이었습니다. "왜 센터에 다니고 있다고 생각해?"라고 물었을 때, 아이는 "잘못된 행동을 해서요."라고 대답했습니다.

그동안 아이에게 "몸이 쑥쑥 자라듯, 뇌와 마음이 자랄 수 있게 하려고 다니는 거야."라고 말해왔지만, 은연중에 아이에게 잘못된 행동을 고쳐야 한다는 생각을 심어준 게 아닌지 깊은 반성을 하게 되었습니다. 있는 그대로의 모습을 받아들이지 못하고 아이에게 변화를 강요한 자신이 못나 보이기까지 했습니다.

그날 이후 저는 부모로서 아이에게 원하는 모습이 무엇인지 깊이 생각하며, ADHD 치료에 있어 과연 진정한 '해피엔딩'이란 무엇일까 고민하게 되었습니다.

ADHD 아이를 둔 많은 부모가 그렇듯 저 역시 아이가 더는 산만하지 않고, 학교생활에 잘 적응하며, 친구와 원만하게 지내길 바랐습니다. 이런 모습은 외부의 시선과 사회적 기준에 부합하는 것일지도 모릅니다. 하지만 단지 겉으로 드러나는 변화를 성공이라고 정의할 수 있을까요? 아이의 내면에서는 그 과정이 어떻게 느껴질까요? 어쩌면 스트레스로 가득할지도 모릅니다.

부모의 관점에서 무엇이 성공인가?

부모의 관점에서 '성공적인 치료'란 아이가 사회적 규범에 맞게 행동하고 학업적으로도 성과를 이루며 다른 아이들과 다름없이 살아가는 모습을 뜻할 것입니다. ADHD 진단을 받고 치료를 시작한 이유도 결국은 아이가 더 '정상적'으로 보이기를 바랐기 때문일 수 있습니다.

저는 아이에게 "엄마가 널 미워해서 혼내는 게 아니야. 잘못된 행동 때문에 혼내는 거야."라는 말을 자주 했습니다. 자존감을 다치지 않게 하려는 의도였지만, 그 말 속에는 '잘못된 행동을 고쳐야 한다.'라는 전제가 깔려 있었음을 나중에야 깨달았습니다. ADHD 아이들에게는 그러한 행동이 단순히 의지로 바뀔 수 있는 문제가 아니라 생물학적인 이유가 있음을 알면서도 말입니다.

이처럼 부모의 기대는 종종 아이가 느끼는 현실과 다를 수 있습니다. 혹시나 치료의 과정에서 아이가 자신을 '문제가 있는 존재'로 느끼게 만들지 않았는지 돌아볼 필요가 있습니다.

부모의 기대가 아이의 행복과 일치하는 지점에서 치료는 가장 효과적으로 진행될 수 있습니다. 그러니 아이가 어떤 상황에서 가장 편안함을 느끼고 진정으로 행복할 수 있는지를 생각하며 그 모습을 구체적으로 그려야 합니다.

김대식 교수의《당신의 뇌, 미래의 뇌》(해나무)에 따르면, 사람의 뇌는 구체적인 목표가 설정되면 그 목표를 이루려는 방법과 행동을 자연스럽게 찾아 나간다고 합니다. 따라서 부모가 아이가 어떻게 성장하기를 원하는지 명확히 상상하고 그릴 때, 뇌도 그 그림에 따라 적절한 방법을 찾고 목표를 이루기 위해 노력하게 됩니다. 즉, 지금 부모가 생각하는 성공적인 치료의 끝이 '뭐든지 잘하는 아이'가 되는 것이 아니라 '행복한 아이'가 되어야 합니다.

하고 싶은 일을 마음껏 하고 싶어요

그렇다면 아이의 관점에서 '성공적인 치료'는 무엇일까요? 아이에게 필요한 것은 부모의 기대에 맞추는 것이 아니라, 아이 스스로가 자기 안에서 느끼는 불안과 혼란을 이해하고 극복할 방법을 찾는 것입니다. 부모로서 우리가 할 수 있는 일은, 아이가 자신을 긍정적으로 받아들이고 자기 생각과 감정에 대해 솔직하게 표현할 수 있는 환경을 만들어주는 것입니다.

ADHD가 있는 아이들은 머릿속에서 끊임없이 떠오르는 생각들, 과잉행동으로 인한 피로감, 집중력 부족으로 인해 매일 여러 어려움에 직면합니다. 이 아이들이 원하는 것은 '뭐든지 잘하는 아이'가 되는 것이 아니라 머릿속에서 끊임없이 떠다니는 생각들이 사라지고, 조금 더 편안하고 안정적인 상태에서 살아가는 것, 그리고 내 모습 그대로의 장점을 인정받는 것이 아닐까요?

ADHD 아이들은 대체로 순간적인 몰입이 뛰어납니다. 또한, 번뜩이는 아이디어가 많고 도전적이어서 남들이 하지 못하는 생각을 해내고, 시도합니다. 따라서 높은 에너지와 활동력이 과한 행동으로 이어지지 않도록 선을 잘 지킬 수만 있으면 이러한 면이 새로운 일을 시작하거나 깊이 탐구하는 데 뛰어난 능력을 발휘할 가능성이 큽니다.

그러니 아이에게 "넌 어떨 때 가장 행복하니?"라고 직접 물어보세요. 아이에게 진정한 행복이 무엇인지 물어보는 것만으로도 아이는 자신의 마음을 돌아보고, 진정으로 원하는 것이 무엇인지 생각할 기회를 얻게 될 것입니다.

부모가 아이의 행복을 목표로 삼을 때, 기나긴 ADHD 치료의 과정은 더는 '잘못된 행동의 교정'이 아니라 '아이 스스로 자신의 잠재력을 발견하고 성장하는 과정'이 됩니다. 그러니 사회적 기준에 적응하면서도 자신의 방식으로 세상을 탐구하는 균형을 잃지 않도록 도와주세요. 이제 부모님도 아이가 진정으로 바라는 '해피엔딩'을 만들어 갈 수 있도록 응원해주시면 좋겠습니다.

2부

산만한 우리 아이, 학교 적응은 어떻게?

입학 전 / 입학 후 / 학습

"엄마, 학교가 좋아요."

입학 전

입학 준비물,
필통이 가장 중요합니다

여느 날처럼 메모지에 내일 학교에서 챙길 것과 응원 문구를 적어 필통에 넣어두었습니다. 하지만 다음 날, 아이는 역시 독서 노트를 챙겨오지 않았습니다. 아들에게 이유를 들어보니 다 읽은 쪽지를 쓰레기통에 넣으면서 노트를 챙기기 위해 사물함으로 가긴 했는데 친구가 말을 거는 순간 까먹었답니다. 해맑게 웃는 아이를 보니 허탈해서 웃음이 나왔습니다.

ADHD 아이들에게는 머릿속에 지우개가 있는 것 같습니다. 돌아서면 잊어버리기 때문입니다. 정신의학 연구에 따르면 ADHD 아이의 약 62~85%가 작업기억에서 현저한 결핍을 보인다고 합니다. '작업기억(Working Memory)'은 정보를 단기적으로 저장하고 조작하는 기능으로, 전두엽과 두정엽의 다양한 부분이 관여하는 복합적인 뇌 기능입니다. 예를 들어, 문장의 앞부분을 기억하며 끝까지 읽거나, 서너 가지 심부름을 동시에 수행하는 일 등을 수행하려면 작업기억이 필요합니다.

그러니 작업기억에 결핍이 있는 ADHD 아이는 준비물을 챙기는 게 매우 어려울 수밖에요. 숙제까지 있는 날이면 뭐 하나는 빼먹고 오는 일이 허다합니다. 반복해서 알려줘도 그때뿐일 때가 많습니다. 집을 나서는 순간, 기억은 날아가고 마니까요. 이러한 상황에서 필통은 단순한 필기도구 보관함 이상의 중요한 역할을 합니다. 필통이 ADHD와 무슨 관련이 있을까요?

감각 자극을 낮추고 학습 효율은 올리고!

ADHD 아이들은 작업기억이 낮아 감각 자극에 쉽게 산만해집니다. 그래서 학교에서 ADHD 아이의 수행능력을 높이려면 단순하지만 필통 선택이 중요합니다. 필통은 학습 활동에 필요한 여러 도구를 담고 있어서 아이의 손길이 가장 많이 닿는 학용품입니다. 항상 책상 위에 올려두고 쓰니 아이의 시선을 끌지요. 그런데 이 필통이 팝잇 열쇠고리와 같은 장난감이 달린 휘황찬란한 거라면? 잠시도 손을 가만있지 못하는 산만한 우리 아이에게 최적의 장난감이 되겠지요.

충동성이 높은 ADHD 아이들에게는 손을 가만히 두는 것이 시험을 견디는 일과 같습니다. 그러니 필통의 모양이나 재질, 색상을 섬세하게 살펴야 합니다. 사용할 때 소리가 요란하게 나는 금속, 플라스틱, 나무 재질은 절대 금물입니다. 그렇다고 형태가 흐물거리는 실리콘이나 얇은 천 재질도

적합하지 않습니다. 가볍고 탄탄한 천 재질에 내부 구획이 잘 되어있고, 무채색 계열의 필통을 선택하는 것이 좋습니다. 감각 자극을 줄인 환경에서 ADHD 아이들이 더 나은 학습 성과를 보인다는 연구 결과도 별일 아니게 보이는 필통 선택의 중요성을 뒷받침합니다.

필통 하나를 준비하듯 세심하게 다른 준비물도 챙겨야 합니다. 선택의 핵심은 감각 자극을 줄이고 집중할 수 있는 환경을 조성하는 것입니다. 이러한 기준에 따라 선택한 준비물은 준비물 자체가 아이의 감각 자극을 낮추고 작업기억을 높여 학습 효율성을 극대화할 수 있습니다. 또 물건을 잃어버리는 횟수를 줄이고, 스스로 챙기는 습관을 들이게 도와주지요.

이렇게 감각 자극 기준을 통과한 준비물 중에서 아이가 선택할 수 있게 하면 만족감을 높일 수 있습니다.

필통을 열면 기분이 좋아지는 이유

"어머니, 교실 바닥에서 어머니의 쪽지를 발견했어요."

어느 날 담임 선생님께 한 통의 전화가 왔습니다. 아이가 학기 초보다 정리나 행동 습관이 훨씬 좋아졌는데 어머니 덕분이라고 하셨습니다. 덧붙여, 아이가 바르게 앉는 것부터 어려워하지만 믿음을 실어 한마디 넌지시 해주면 마음을 고쳐먹고 노력하는 모습을 보인다고 하셨습니다. 물론 그 효과가 오래가진 않지만, 선생님의 믿음에 최선을 다하려는 모습이 기특하다고 하셨습니다.

3월 00일, 0요일

아들, 오늘도 행복하고 웃음 가득한 하루 보내. 이따 만나자.

* 독서 노트, 수학 익힘책 꼭 챙겨오기, 가위 찾아보기

가슴이 뭉클해지던 찰나, 아이가 쪽지를 쓰레기통에 버렸다고 한 말이 떠올라 웃음이 났습니다. 그 쪽지가 선생님 손에 있는 걸 보니, 아마 쓰레기통까지도 못 가고 어디 바닥에 떨어뜨렸나 봅니다.

저는 보통 등교 전날 저녁에 숙제나 준비물을 함께 챙기면서 쪽지를 써서 필통에 넣어줍니다. 그러면 아이는 제 등 뒤에서 슬쩍 쪽지를 들여다 보고 큰 소리로 읽으며 즐거워합니다. 필통을 펼칠 때마다 응원의 메시지를 보며 하루를 시작할 아이의 얼굴을 떠올리면 저도 미소가 번집니다.

필통 속 엄마의 쪽지는 필통을 그저 학습 도구를 담는 물건이 아니라 사랑과 격려, 그리고 희망을 담는 작은 보물 상자로 만듭니다. 부록으로 엄마

의 사랑을 전할 수 있는 30일 필통글 메시지 카드를 실었으니 매일이 힘겨울 수 있는 아이에게 에너지를 북돋는 쪽지를 전해보세요.

입학 전 준비물 체크리스트

선배맘

미리 신경 써서 준비하는 것이 좋은 준비물만 소개합니다. 이외에도 셀로판테이프 사용법이나 학용품을 바구니에 정리하는 법도 연습하는 게 좋습니다. 그래야 수업시간에 필요한 걸 찾느라 당황하지 않습니다.

책가방 : 가볍고 탄탄한 것으로 뚜껑 없는 지퍼형. 가방 바닥에 징이 있어 바닥에 놓았을 때 잘 더러워지지 않고 각진 형태를 잡는 것. 물통을 넣을 주머니가 양옆으로 있고, 전면 주머니가 있는 것

신발주머니 : 가볍고 잡기 편한 것으로 다른 주머니와 구분이 잘 되는 게 좋음. 지퍼로 여닫을 수 있어야 뱅뱅 돌리고 흔들었을 때도 신발이 튀어나오지 않음

필통 : 부드럽지만 두께감이 적당히 있는 천 재질의 필통. 지퍼가 부드럽고 내부 구획이 잘 되어 있으며, 단조로운 색상으로 기능에 충실한 것. 필기도구용, 미술도구용으로 2개 정도 구비

네임스티커 : 크기별로 넉넉히 준비하여 색연필부터 물티슈까지 모든 준비물에 붙여 준비. 가방이나 신발주머니에는 매직 또는 패브릭용 스티커로 표시

칠판을 마주하기 전, 시력 검사를 하세요

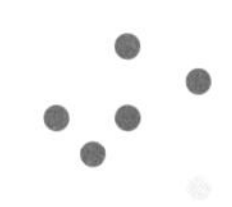

입학 전 마지막 영유아 검진에서 아이의 시력은 좌안 0.8, 우안 0.6이었는데 6개월 후 재검사를 받았을 땐 좌안 0.3, 우안 0.1로 급격히 나빠져 있었습니다.

"미디어 노출 때문일까요? 아니면 저를 닮아서 눈이 나쁜가요?"

안과 전문의는 그보다 제 아이처럼 선천적으로 약시에 난시도 있으면 한 달 안에도 시력이 급격히 나빠질 수 있다며 안과 검진을 주기적으로 받아야 한다고 강조했습니다.

'근시'는 빛이 망막 앞에 초점이 맺혀 멀리 있는 물체가 흐리게 보이고, '원시'는 빛이 망막 뒤에 초점이 맺혀 가까이 있는 물체가 흐리게 보이는 현상입니다. '난시'는 각막이나 수정체 모양이 선천적으로 불규칙하여 빛이 망막의 여러 점에 퍼져 도달해 이미지가 흐릿하거나 왜곡되어 보입니다. 그리고 '약시'는 이러한 굴절 오류(근시, 원시, 난시)나 눈의 오정렬(사시), 시야

차단 등으로 발생합니다.

시각은 눈을 통해 정보를 받아 뇌로 전달하는 감각입니다. 외부 환경에서 들어오는 정보의 70~80%를 담당하지요. 그런데 뇌가 발달하는 생후 3세 이내에 올바른 시각 자극을 받지 못하면 뇌는 눈으로 들어오는 시각 자극을 무시(억제)하도록 학습하여 결국 시력이 점점 나빠집니다. 특히, 요즘처럼 미디어 노출이 많은 환경에서는 급격히 시력이 떨어질 수 있으므로 선천적 난시 가능성이 있다면 정기적으로 검진을 받아야 합니다. 참고로 시력 검사를 할 때 청력 검사도 함께 해 보는 것이 좋습니다. 중이염 등으로 소아 난청이 있을 때도 주의력에 어려움이 생기니까요.

시력 발달의 적기를 놓치지 마세요

뇌에서 시각 정보 처리를 담당하는 후두엽의 시각 피질은 8~10세 전후로 발달이 완료됩니다. 따라서 이 시기를 놓치면 시력 개선의 기회를 좀처럼 얻기 어렵습니다. 제 아이의 경우, 근시 교정 안경을 착용한 지 한 달이 지나 좌안 시력은 0.8까지 개선되었지만, 우안은 0.3에 머물렀습니다. 우안에 난시가 심하다 보니 더 잘 보이는 좌안을 주로 사용하며 시력 불균형이 커진 것입니다. 약시가 있어 시력 자체도 잘 오르지 않았고, 시력 교정 효과가 있다는 드림 렌즈는 시도조차 할 수 없었습니다. 안경 착용의 불편함은 큰 문제가 아니라고 생각했지만, 이대로 두면 시력이 계속 나빠질 수 있었기에 마음을 단단히 먹고 시력 교정에 임했습니다.

시력 교정은 단기간에 끝나지 않습니다. 제 아이는 먼저 눈 주변 근육을 강화해 양쪽 눈의 시력 균형을 맞추기 위해 가림 치료를 하기로 했습니다. 3개월 동안 격일로 6시간 이상 건강한 눈을 가리고 생활해야 했지요. 밥을 먹거나 책을 읽을 때도 한쪽 눈을 가리고 해야 했으니 불편함이 컸지만 앞이 안 보이면 공부도, 좋아하는 운동도 할 수가 없고, 안경을 껴도 안 보일 거라고 하니 아이도 최대한 따랐습니다. 이후 검사에도 결과 시력이 올라오지 않아 다시 3개월 동안 가림 치료를 계속했습니다.

이렇게 안경 착용과 가림막 훈련 등 시력을 개선하는 데는 최소 6개월 이상의 시간과 노력이 필요합니다. 시력은 학습의 기본 조건입니다. 초등학교 고학년으로 넘어갈수록 학습량이 많아져 어려움이 커지니 평소 아이가 집중력이 떨어진다면 초등학교 입학 전에 안과 검진을 통해 시기능 이상 여부를 확인하는 것이 좋습니다.

또, 영유아 검진 때 아이의 시력에 비정상적인 변화가 있었거나 부모에게 시력 문제가 있는 경우 4세 이전에 정밀 검안을 하기를 권합니다. 정밀 검안은 눈동자 움직임, 사시 여부, 망막 상태 등을 살피는 검사로, 아이가 안검표의 도형을 잘 알아보지 못해도 검사를 진행할 수 있습니다. 안과에서의 시력 검진은 눈의 기능적 문제를 조기에 발견하여 적절한 시력 교정도구나 방법을 찾을 수 있게 하는 유일한 방법이니 미루지 마세요.

감각의 어려움은 뇌에도 영향을 미칩니다

사물을 '본다'라는 것은 시각 정보를 시각적 형태로 유지하는 것이고, 소리를 '듣는다'라는 것은 청각 정보를 청각적 형태로 유지하는 것입니다. 이처럼 환경으로부터 들어온 정보를 원래의 형태 그대로 보존하는 것을 '감각기억(Sensory Memory)'이라고 합니다.

이러한 감각기억으로 짧은 시간 보존된 정보를 더 오래 기억하기 위해서는 '지각(Perception)'과 '주의(Attention)'의 과정이 필요합니다. 이때 '어떤 것을 보았는지 분별'하는 것이 시지각이고, '어떤 것을 들었는지 분별'하는 것이 청지각입니다. 외부 자극을 '지각'한 후 '주의'의 과정을 거치면 감각기억이 작업기억으로 이동하는데, 여기서 주의를 기울이지 못한 정보들은 감각기억에만 머물다 사라지게 됩니다.

아이가 책을 읽을 때 단어를 바꾸거나 조사를 빼고 읽는 경우가 많거나, 열심히 소리 내어 읽긴 했는데 글의 내용을 물어보면 한두 단어로 대충 답한다면, 감각기억이 작업기억으로 이전되지 않아서일 확률이 높습니다.

ADHD 아이들은 주의력이 부족하므로 글을 읽어도 의미를 해석하는 데 어려움을 겪고, 특히 교실 환경에서는 시각적 자료를 이해하기 쉽지 않습니다. 이처럼 주의력 부족으로 인한 시지각의 어려움은 기억과 학습에도 영향을 미칩니다.

시지각 기능을 향상하세요

시력 개선을 위해 시간과 노력을 기울여야 하는 것처럼, 시지각 기능 향상을 위한 훈련도 필요합니다. 안과에서 시력 검진을 받는 것처럼, 정신건강의학과에서 주의력 검사를 통해 시지각 기능을 평가하고 상태를 정확히 파악하는데 시각 주의력이 떨어지는 아이들은 시력 검사 결과에도 악영향을 미칠 수 있습니다.

그러니 아이가 산만하다면, 그리고 무언가를 볼 때 자꾸 미간을 찌푸린다면, 부모가 생각하는 것보다 촘촘하게 안과 검진 주기를 설정해 아이의 눈 상태를 꾸준히 살펴봐야 합니다. 안과 검진 결과를 바탕으로 발달센터에서 시지각 향상 훈련 프로그램을 주기적으로 실시하고, 가정에서도 시훈련을 병행하는 것이 좋습니다. 시훈련은 눈과 신체의 협응력을 높여 뇌 발달을 촉진하는 데 큰 도움을 주기 때문입니다.

가정에서 매일 놀이 형태로 꾸준히 하기 좋은 시훈련 방법으로는 '초점훈련'과 '밸런스 캐치볼'이 있습니다. 제 아이도 꾸준한 훈련 덕분에 3개월 만에 컴퓨터 기반 시각 주의력 검사 결과가 F등급에서 A등급으로 크게 향상되었습니다. 물론 주의력이 떨어지거나 시력이 흐려질 때는 등급이 다시 낮아지기도 했지만, 극단적인 변화는 없었습니다. 이처럼 가정에서의 지속적인 노력이 더해진다면 ADHD 아이들의 주의력, 집중력, 그리고 시각 정보 처리 능력이 눈에 띄게 개선될 수 있습니다.

◆초점 훈련(10회~20회 반복)

❶ 정면을 바라보고 선 상태에서 왼팔을 곧게 펴고 엄지 척 동작을 합니다.

❷ 고개를 고정한 채 눈동자는 엄지를 바라봅니다.

❸ 왼팔을 왼쪽으로 수평선을 그리듯 천천히 움직입니다.

이때 고개는 움직이지 않고 눈동자만 엄지를 따라 움직입니다.

❹ 수평선 끝까지 왼팔을 움직인 후 빠른 속도로 가운데로 돌아옵니다.

이때 눈동자도 엄지를 따라 움직입니다.

◆밸런스 캐치볼(10회~20회 반복)

❶ 밸런스 원판 위에서 중심을 잡고 섭니다.

코어 힘이 부족한 경우 밸런스 원판 위에 서는 연습부터 하세요.

❷ 부모는 밸런스 원판과 2m가량 떨어진 곳에 마주 보고 섭니다.

❸ 아이는 밸런스 원판 위에 서서 공을 부모에게 던집니다.

❹ 서로 주고받는 연습을 10회 합니다.

자칫 눈에 드러나는 아이의 행동 문제에 집중하다 보면 시력과 시지각 문제는 간과하기 쉽습니다. 그러나 부주의함은 행동뿐만 아니라 시지각 기능에도 영향을 미칩니다. 그러니 평소 정기적인 검진과 시지각 훈련을 병행하는 것이 좋습니다. '눈은 마음으로 통하는 창'이라는 말이 있습니다. 눈으로 보는 것이 곧 아이의 마음과 연결된다는 뜻이겠지요. 우리 아이가 칠판을 마주하기 전에, 그 작은 눈이 세상을 온전히 바라볼 수 있도록 도와주세요. 시력과 시지각이 건강하게 발달할 때, 아이는 더 넓은 세상을 보고 학습과 생활에서 더 나은 성장을 이뤄낼 수 있습니다.

감각통합전문가

시지각·청지각 향상 훈련

시각과 청각은 외부 자극에 가장 영향을 많이 받는 감각이므로 불필요한 자극은 무시하고 필요한 정보에만 집중하는 주의력 연습이 필요합니다. 시지각 및 청지각 기능이 향상하면 학습과 행동에 긍정적인 영향을 미칩니다.

◆시각 주의력 향상 훈련

- 다양한 거리나 높이를 고려하여 공이나 고리 던지기
- 동작을 보고 똑같이 모방하기 : 이때 여러 가지 동작을 연결하여 모방할 경우 계획능력 및 실행능력도 향상할 수 있음

- 장애물 피해서 점프하기 : 장애물이 많을수록 주의를 지속 유지할 수 있음
- 다른 그림 찾기, 숨은그림찾기
- 여러 숫자나 글자 중에서 제시한 숫자나 글자만 찾아서 지우기
- 다양한 도형 중에서 특정 도형만 연결하기

◆청각 주의력 향상 훈련

- 숫자 듣고 점프하기
- 제시한 신체 부위만 사용하여 몸으로 풍선 띄우기
- '시장(마트)에 가면' 놀이
- 숫자나 낱말 따라 말하기, 숫자나 낱말 거꾸로 말하기 : 여러 개의 숫자나 긴 낱말로 연습할 경우, 작업기억능력도 향상할 수 있음
- 해당 단어를 듣고 버튼 누르기 : '가구', '기구'와 같이 발음이 유사한 단어들로 연습하면 더 세밀한 청각 변별력이 필요하므로 청각 주의력이 고도로 향상됨

◆컴퓨터 기반 시지각·청지각 주의력 향상 훈련

- 레하컴(Rehacom)을 이용한 주의력 훈련(지속 주의력, 청각 선택적 주의력, 분리적 주의력, 시공간 주의력, 청각 반응력 등)
- 코트라스-아동용(CoTras-C)을 이용한 주의력 훈련(주의력, 공간 관계, 위치 기억, 눈-손 협응 등)
- 시각 반응 시간 검사 및 훈련 시스템(T-Wall)을 이용한 주의력 훈련

궁금한 1학년의 하루

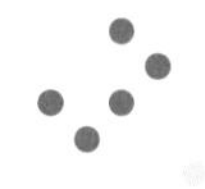

아이가 아직 입학 전이라면 당연히 아이들의 학교 일과가 궁금할 겁니다. 다음 일과를 보고 초등 입학 전, 가정에서 미리 연습하면 좋을 것들을 하나씩 차근차근 준비해주세요.

등교 시간(오전 8:30~8:50)

초등학교 수업은 9시에 시작합니다. 보통 1학년 아이들은 오전 8시 40분에서 50분 사이에 학교에 도착해야 합니다. 등교 후 1교시 시작 전까지는 아침 활동을 합니다. 학급에 따라 아침 운동을 하거나 독서 시간을 가지기도 합니다.

여유롭게 등교하여 아침 활동을 할 수 있도록 충분한 준비 시간을 두고 일어나는 것이 좋지만 ADHD 아이들은 일찍 일어난다고 해도 등교 시간을 맞추기가 꽤 어렵습니다. 어떤 날은 "나 1등으로 갈 거야."를 외치며 서두르는 바람에 너무 일찍 도착해서 혼자 교실에 있을 때도 있고, 어떤 날은 8시 58분에 겨우 교문을 통과해 부모의 마음을 조마조마하게 하기도 합니다. ADHD 아이들의 아침 시간은 그야말로 한 치 앞을 예측할 수 없는 전쟁터입니다. 아침마다 벌어질 전쟁을 예방하려면 등교 루틴을 형성해야 합니다. 등교 루틴 형성에 대해서는 '미라클 모닝' 편에서 더 자세히 설명하겠습니다.

미리 연습해두세요

옷과 가방 등 준비 : 전날 저녁에 다음 날 입을 옷과 가방을 미리 준비해두는 습관을 들이세요. 아침 활동 시간에 읽을 책과 준비물, 숙제 등도 스스로 챙기도록 연습해야 합니다.

간단한 아침 식사 : 소화가 잘되는 음식을 준비해주고 아침을 꼭 먹는 습관을 들이세요. 에너지원이 있어야 뇌가 깨어나고 활동하기 시작합니다.

수업시간(오전 9:00~오후 12:50 또는 오후 1:40)

초등 1학년 수업시간은 40분씩 진행되고, 각 교시 수업 사이에는 10분의 쉬는 시간이 주어집니다. 이 시간 동안 아이들은 화장실에 다녀오거나 아침에 나온 우유를 마시고 친구들과 놉니다.

초등학교 1학년 아이들은 아직 시간의 흐름을 머리속으로 떠올리기 어렵습니다. 일정한 패턴의 활동을 규칙적이고 반복적으로 경험해야 시간의 연속성과 순서를 몸소 체감할 수 있지요. ADHD가 있는 아이들에게는 특히 시간의 흐름을 익히고, 일과를 관리하는 일이 더 어려울 수 있습니다. '40분 수업시간 동안 앉아있기, 10분 쉬는 시간이 끝나면 교실로 돌아가기, 하교 후 학원 가기' 등의 모든 것이 하나의 임무처럼 느껴질 겁니다.

제 아이도 유치원에서 아날로그 시계 보는 연습을 했지만, 스스로 시간을 읽으라고 하니 여전히 어려워했습니다. 그러니 집에서는 아날로그 시계로 연습하되, 등교할 때는 디지털 손목시계를 채워주는 것도 좋은 방법입니다. 중요한 것은 아이가 시간의 흐름을 스스로 체득하려고 노력하는 그 자체입니다. 그 반복적인 일상이 쌓여 어느새 스스로 일과를 챙기고, 시간에 맞추어 행동을 조절하는 등 개선된 모습이 보이기 시작할 겁니다. 서투른 것일 뿐 못하는 게 아니란 사실을 잊지 마세요.

학교 입학을 앞두고 가장 신경 쓰였던 부분은 바로 화장실 사용이었습니다. 제 아이는 7세부터 용변 후 뒤처리를 연습해와서 위생은 걱정하지 않았지만, 문제는 화장실이 엉망이 된다는 점이었습니다. 대변이 손에 묻는 것이 싫어 휴지를 둘둘 말아 사용한 후 휴지를 휴지통에 산처럼 쌓아두는 경우가 많았습니다.

사실 이맘때 아이들은 손에 힘이 부족하므로, 대변을 닦는 동작을 깔끔하게 하기가 어렵습니다. 어른들에게는 당연하게 보이는 일도 아이들에게는 고난도 동작이 될 수 있으니까요. 그러나 매일 연습을 계속하면, 달라지는 아이의 모습을 보며 뿌듯함을 느끼실 겁니다.

미리 연습해두세요

시계 보기 : 눈에 띄는 벽이나 테이블에 아날로그 시계를 두고 등교 시간, 점심시간, 하교 시간 등 주요 시간을 시계를 직접 가리키며 알려주세요. 시간의 흐름을 가르칠 때는 단순히 시계를 보는 법뿐만 아니라, 시간의 흐름을 체감하는 것이 더욱 중요합니다. 평소 기상 시간, 아침 식사 시간, 점심 식사 시간, 저녁 식사 시간 등 주요한 일상을 계획해두고 그 시각이 될 때마다 시계를 가리키며 시간을 일러주고 시간의 흐름을 몸으로 익힐 수 있도록 도와주세요. 아날로그 시계와 디지털 시계를 함께 놓고 시간을 보는 법도 미리 연습해두어야 합니다.

화장실 사용 : 대변 처리는 입학 전에 꼭 익숙해지게 해주세요. 위생적 측면도 중요하지만, 아이가 스스로 처리할 수 있어야 학교에서도 자유롭게 화장실을 이용할 수 있습니다. 가정이나 공공 화장실에서 휴지를 몇 칸 뜯어야 하는지, 어떻게 접고 어떤 방향으로 닦아야 하는지, 그리고 휴지를 휴지통에 어떻게 버려야 하는지까지 세밀하게 알려주세요. 간혹 비데를 사용하지 않으면 뒤처리를 아예 못 하는 친구도 있으니 휴지로 뒤처리하는 방법을 자세히 알려줘야 합니다.

점심시간(3교시 혹은 4교시 종료 후)

점심시간은 학교마다 다소 차이가 있지만, 보통 3교시 또는 4교시 수업이 끝난 후에 시작합니다. 제 아이가 다니는 학교의 경우, 1학년은 4교시가 끝난 12시 10분 이후에 점심을 먹습니다.

주의력이 부족한 ADHD 아이들에게 급식실처럼 소란스럽고 사람이 많은 공간에서 식판 들고 줄 서서 기다리기, 제자리에 앉아서 움직이지 않고 식사하기, 음식 흘리지 않기 등은 매우 어려운 과제의 연속입니다. 그러니 즐거운 점심시간이 되기 위해 식판 들고 움직이기, 젓가락질, 우유갑이나 주스 뚜껑 열기, 과일 꼭지 따기, 국수 면 흘리지 않고 먹기 등은 가정에서 미리 연습해두는 것이 좋습니다.

이때 중요한 점은 "학교에서는 선생님이 도와주지 않으니까 혼자서 다 해야 해." 하며 아이에게 강요 아닌 강요를 하지 않는 것입니다. 외국인이 처음 젓가락질을 하면 서툰 것처럼 우리 아이도 이런 일상적인 행동이 쉽지 않은 게 당연하다고 생각하고 천천히, 차근차근 방법을 일러주어야 합니다.

뭐든 처음에는 10번 중 1번만 성공해도 큰 성취입니다. 성공했을 때는 아낌없는 칭찬으로 자신감을 심어주세요. 급식실 환경에 적응하는 자세한 방법은 '내 아이의 급식' 편에서 설명하겠습니다.

미리 연습해두세요

젓가락질 : 클레이를 동그랗게 빚은 후 젓가락으로 집어 그릇에 옮기는 게임을 해 보세요. 이 게임은 빨리 옮기는 것이 아니라, 많이 옮기는 사람이 이기는 방식으로 진행합니다. 사탕 한 알 정도의 작은 보상을 주면 즐겁게 할 수 있습니다.

우유갑, 주스 뚜껑 열기 : 아이들은 아직 손가락을 섬세하게 사용하는 것이 서투르니 우유갑이나 주스 뚜껑을 열 기회가 생길 때마다 연습하면서 손의 감각을 익히도록 도와주세요. 선생님이 모든 아이의 우유나 주스를 열어줄 수는 없으니 스스로 시도하면서 익숙해지게 합니다.

약 먹기 : 병원에서 약을 처방받을 때는 아침과 저녁 2회만 복용할 수 있는 약, 그리고 실온 보관이 가능한 약을 요청하세요. 만약 가루약을 처방받았다면 약병 뚜껑을 열고 가루약을 타서 흔들어 섞은 후 복용하는 방법도 아이 스스로 할 수 있도록 연습시키는 것이 좋습니다.

하교 시간(오후 12:50 또는 오후 1:40) 이후

초등 1학년은 보통 일주일에 사흘은 5교시까지, 이틀은 4교시까지 수업을 합니다. 학교마다 조금씩 다르지만 4교시 수업이 있는 날은 오후 12시 50분에 수업이 끝나고, 5교시 수업이 있는 날은 오후 1시 40분에 수업이 끝납니다. 수업이 끝난 후 일부 아이들은 집으로 돌아가지만 많은 아이가 방과 후 수업이나 돌봄 교실, 지역아동센터, 학원 등에서 다양한 활동을 이어갑니다.

초등학교 입학을 앞두고 하교 후 일과를 구성할 때는 여러 기관에서 운영하는 프로그램의 특성과 방식을 미리 살핀 후 아이와 충분히 상의하고 결정하세요. 방과 후 스케줄은 일정을 미리 계획하여 루틴화하는 것이 중요합니다. 학교가 끝나면 어디를 가야 하고 무슨 일을 해야 하는지 루틴을 만들어야 정서적으로 안정되고 스스로 해내기에 좋습니다. 특히 맞벌이 가정의 경우, 정규 수업 종료에 맞추어 돌봄교실이나 학원 연계를 미리미리 알아보고 일정을 짜두는 것이 좋습니다.

초등 1, 2학년을 대상으로 한 기존의 돌봄교실은 보육 중심이라 프로그램이 다소 단조롭고, 방과 후 수업은 다양한 프로그램이 있지만 원하는 수업을 선택하기 어려울 수 있습니다. 이러한 한계를 보완하기 위해 2024년 하반기부터 초등학교 1학년을 대상으로 시작한 '늘봄학교'는 지역사회와 연계하여 돌봄과 방과 후 수업을 통합한 제도입니다. 2025년에는 초등학교 1~2학년, 2026년부터는 전 학년으로 확대될 예정입니다.

다음에 제시한 초등학교 하교 후 활동 비교표를 참고하여 각 가정에 맞는 프로그램을 미리 신중히 계획하길 바랍니다.

초등학교 하교 후 활동 비교

유형	늘봄학교	돌봄교실	방과 후 수업	다함께 돌봄센터	지역아동센터
이용 대상	초등학교 1학년 (2024년 기준), 1~2학년(2025년), 전 학년(2026년)	초등학교 저학년	초등학생 전 학년	초등학생 전 학년 (지역 주민 자녀)	초등학생 전 학년 (취약 계층 우선)
선정 기준	희망하는 초등학생	저소득층 맞벌이, 법정 한부모가정, 조손가정, 다자녀 맞벌이 가정 등 학교 순위에 따른 선정	희망하는 학생 (학교 선정 절차, 선착순)	지역 거주자, 해당 동 주민 우선	취약 계층 우선, 신청 절차 필요
운영 기간	정규수업 전 아침 (오전 7시)/하교 후 희망 시간까지 (교내 오후 6시, 교외 오후 8시) 방학 중 : 학교별 상이	하교 후~오후 7시 (학교별 상이)	하교 후~ 오후 5시 (프로그램에 따라 상이)	하교 후~오후 7시 (센터별 상이)	하교 후~ 오후 7시 (방학 중, 센터별 상이, 야간 보육)
운영 장소	교내 교외 (거점형 늘봄센터, 지역돌봄기관, 도서관 등)	학교 내 돌봄교실	학교 내 학급	지역 커뮤니티 센터, 주민센터	지역 내 센터
프로그램	-숙제 지도, 놀이, 독서 활동 -음악, 미술, 체육	-숙제 지도, 놀이, 독서 활동	-음악, 미술, 체육, 과학 등 전문 프로그램	-숙제 지도, 놀이, 독서 활동 -음악, 미술, 체육, 과학 등 다양한 활동	-숙제 지도, 학습 지원, 놀이, 문화 활동
기타 지원	간식/석식 제공	간식/석식 제공 (학교별 상이)	없음	-간식 제공 -석식은 센터별 상이	-간식/석식 제공 -차량운행
비용	무료 (2개 프로그램 한, 그 외 비용 발생, 저소득층 지원 가능, 간식/석식비 무료)	무료 또는 본인 부담(간식/석식비)	본인 부담 (프로그램별 상이)	무료 또는 본인 부담	무료

편안한 우리 집, 자극을 줄여요

가정이야말로 아이가 가장 많은 시간을 보내는 공간인 만큼 가장 효과적인 치료의 연장선이 될 수 있는 곳이자 편안하게 쉬면서 충동성을 줄일 수 있는 곳입니다. ADHD 아이들은 감각 처리 능력이 부족하므로 과도한 자극은 집중력을 떨어뜨리고 충동성을 높일 수 있습니다. 따라서 가정에서도 이러한 점을 고려하여 감각 자극을 단순화하고 환경을 최대한 정돈하는 것이 좋습니다. 미국 소아과학회(American Academy of Pediatrics)의 연구에서도 정돈되고 조용한 집에서 ADHD 아동의 주의력과 안정감이 눈에 띄게 향상된다고 보고했습니다.

산만한 아이들은 학교에서 늘 언제 지적을 당할지도 모른다는 긴장감을 가진 채 지냅니다. 그러니 집에서만큼은 편안하게 지낼 수 있게 불필요한 감각 자극을 최소화하세요. 감각 자극에 대한 기준은 앞서 입학 준비를 위해 필요한 물건을 챙길 때와 마찬가지입니다.

시각 자극을 줄이는 방법

일곱 살이 되던 해, 잠자리를 분리하며 아이에게 처음으로 자기 방을 만들어주었습니다. 자연스레 아이의 방에는 온갖 장난감이 넘쳐나게 되었지요. 그러나 초등학교에 입학하고 학습이 중요해지는 시기가 되자, 방의 분위기를 바꿔줘야겠다는 생각이 들었습니다. 여러 차례 물건을 찾느라 전쟁을 치르다 보니, 장난감 위주의 아이다운 방을 학습과 휴식에 더 어울리는 공간으로 탈바꿈하기로 결심한 것이죠.

우선 아이에게 방 분위기를 바꿔보자고 제안한 후 아이와 함께 평면도를 그리며 침대와 책상 배치를 고민했습니다. 인터넷에서 아이가 원하는 침대를 주문하고, 마트에서 이불과 베개를 직접 고르게 하고, 수면의 질을 높이기 위한 암막 커튼의 색도 직접 고르게 했습니다. 그리고 아이와 상의 끝에 방에는 꼭 필요한 장난감만 남겨두고, 책상은 필요한 물건들만 깔끔하게 배치했습니다. 그 결과 아이는 자기 방을 스스로 꾸몄다는 생각에 큰 만족감을 느끼며, 방에서 스스로 숙제를 하기 시작했습니다.

ADHD 아이들은 시각적 정보를 처리하는 데 어려움을 겪으므로 시각 자극이 많은 환경에서는 집중력이 쉽게 분산될 수 있습니다. 시각 자극이란 아이가 눈으로 보는 모든 것, 즉 색상, 형태, 움직임, 밝기 등을 말합니다. 그러니 ADHD 아이의 방은 가능한 한 단순하고 정돈된 물건들로 구성하는 것이 좋습니다. 만약 벽지나 페인트칠을 새로 할 수 있다면, 파스텔 톤이나 연한 회색처럼 차분한 색을 선택해 시각적 혼란을 줄이고 안정감 있는 환경을 만들어주는 것이 좋습니다.

아이에게 적절한 환경을 만들어주는 것도 중요하지만, 더 중요한 것은 정돈된 환경을 스스로 유지하는 법을 익히는 것입니다. 초등 1학년인 지금 이제는 서툰 아이를 대신해 부모가 나서서 정리하지 않아야 합니다. 아이와 함께 크기와 무게, 사용 빈도, 생활 동선 등을 고려해 물건의 제자리를 만들어주고 아이가 스스로 물건을 정리할 수 있도록 도와주세요.

무엇보다 '내 방은 내가 정리해야 한다.'라는 책임감을 심어줘야 합니다. 매일 잠자리에 들기 전에 아이와 함께 장난감이나 학습 도구 정리하기 게임을 하면 정리 습관을 기르는 데 효과적입니다. 전후 사진을 찍어 비교해보는 것도 재미있게 동기부여를 하는 방법입니다. 이 과정을 통해 아이는 정돈된 환경이 얼마나 중요한지, 그리고 그것이 자신에게 어떤 편안함을 주는지를 스스로 느끼고, 성취감도 맛볼 수 있습니다.

청각 자극을 줄이는 방법

ADHD 아이들은 주변 소리가 없더라도 머릿속에서 끊임없이 잡음이 들리는 것처럼 느낄 수 있습니다. 따라서 불필요한 청각 자극을 줄이고, 상황에 맞게 적절한 청각 자극을 주는 것이 정서적 안정에 도움이 됩니다.

청각 자극은 주변의 대화 소리, 음악, 자연의 소리, 예기치 않은 소음까지 포함한 모든 소리를 의미합니다. 아이가 소리를 어떻게 처리하고 반응하느냐에 따라 학습이나 일상생활에 영향을 받으니 청각적 환경을 잘 만들어 주는 것 또한 중요합니다.

불필요한 청각 자극을 줄이려면 TV를 시청하지 않을 때는 꺼두어야 합니다. 물론 아예 거실에 TV를 두지 않는 것이 더 좋습니다. TV를 켤 때도 조금 작다고 느껴질 정도로 볼륨을 낮추세요. 큰 소리에 익숙해지면 작은 소리를 잘 인지하지 못하게 되기 때문입니다.

우리 집도 남편이 TV를 옮기다가 떨어져 깨진 후, TV 없이 보름 살기에 도전한 적이 있습니다. 그리고 그 보름 동안, 잦았던 아이들 간의 다툼이 줄어드는 놀라운 변화를 경험했습니다. TV가 없으니 아이들은 집에 있던 놀잇감과 만들기 재료를 꺼내어 놀았고, 스스로 그림책을 꺼내어 읽기 시작했습니다.

음악 치료 전문가에 따르면, 특정한 리듬과 멜로디가 뇌파를 안정시켜 심신을 진정시키는 데 효과가 있다고 합니다. 병원이나 카페 등에서 편안한 음악을 틀어주는 이유도 이 때문입니다. 아이들이 다니는 유치원에서도 등·하원 시간마다 마당에 설치된 스피커로 편안한 피아노곡을 틀어주곤 했습니다

다. 그때마다 저도 마음이 차분해지는 것을 느껴서, 집에서도 TV 대신 자연의 소리나 차분한 음악을 틀어주기 시작했습니다. 처음에는 유튜브에서 집중력을 높이는 음악, 수면 유도 음악, 아침에 일어날 때 듣는 음악 등을 검색해서 틀어주었습니다. 그러다 아이들과 AI 플랫폼을 활용해 음악을 직접 만들어보았습니다. 무료로도 몇 곡을 만들 수 있으니 재미 삼아 아이와 함께 노래 제목도 짓고, 음악도 같이 만들면서 정서적 반응을 살펴보세요. 가령 음악을 들으며 "갑자기 졸린 것 같아요."라는 반응이 있으면 수면 음악으로, "소리가 예뻐요."라고 하면 공부할 때 듣는 음악으로, "기분이 좋아져요."라고 하면 기상곡으로 선택하는 식으로 음악을 함께 만들고 선택하는 것입니다. 이런 방식으로 음악을 가까이하면 불필요한 청각 자극을 줄이고, 심리적 안정감을 높여 집중력을 향상하는 효과를 거둘 수 있습니다.

집을 세상에서 가장 편안한 공간으로

ADHD 아이들은 학교나 학원, 길거리에서조차 다양한 자극으로 인해 스트레스를 받곤 합니다. 머릿속이 복잡한 실처럼 엉켜 풀어내기 어려운 상태로 집에 돌아오곤 하죠. 그럴수록 집은 아이가 '세상에서 우리 집이 제일 편해.'라고 느낄 수 있는 안정된 공간이어야 합니다.

그런다고 결벽증처럼 깨끗이 청소할 필요는 없습니다. 아이가 편안함을 느낄 수 있도록 감각 자극을 줄이는 것만으로도 충분합니다. 감각 자극만 줄여도 불안한 마음을 진정하고, 복잡한 생각을 정리하는 데 큰 도움이 됩니다. 또한 공부하기 전에 책상 위를 정돈하고 연필을 깎으며 복잡한 머릿속을 정리하는 것도 집중력을 높이는 데 효과적입니다. 작은 변화일지라도, 아이의 성장과 발달에 큰 차이를 만들어낼 수 있다는 사실을 기억하세요.

감각통합전문가

감각 정보의 원활한 처리를 돕는 방법

신경계가 감각 정보를 원활하게 처리하지 못하면 곧 자기조절능력 저하로 이어집니다. 자기조절능력은 자극 입력 양에 따라 달라지는데 외부에서 들어오는 자극의 양이 많으면 민감하게 반응하고, 반대로 자극의 양이 적으면 반응이 나타나지 않게 합니다. 그런데 ADHD 아이들은 신경학적으로 자극이 없는 무료한 상황과 시간을 못 참고 계속 자극을 찾는 감각 추구 성향이 있으므로 자극의 양이 적을 때 소리를 지른다거나 평소보다 더 움직임이 많을 수도 있습니다. 아이마다 감각별로 자극을 처리하는 수준이 다르므로 부모는 아이의 감각 역치를 잘 알고 있어야 합니다. 예를 들어 아이가 촉각을 받아들이는 역치와 청각을 받아들이는 역치가 다를 수 있습니다. 그러므로 어떤 감각을 처리하는 것이 어려운지, 어떤 감각은 수월한지 알고 있어야 외부 자극에 민감한 아이를 효율적으로 다룰 수 있습니다.

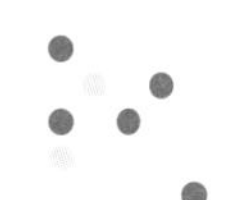

두근두근,
학교라는 새로운 시작

불안해도 괜찮아

시험을 앞두고 가슴이 두근거린 경험, 누구에게나 있을 겁니다. 그 두근거림은 두려움에서 왔을까요, 아니면 기대감 때문이었을까요? 아마 대부분 기대감보다는 불안이 더 크게 느껴졌을 것입니다.

'초등학교 입학'이라는 인생의 첫 도전 앞에서 우리 아이들도 비슷한 감정을 느낍니다. "엄마, 학교 가려면 몇 밤 남았어요?"라는 아이의 질문에 제 가슴도 두근거렸으니 아이는 오죽할까요? 하지만 이 불안은 자연스러운 감정입니다. 그러니 불안한 감정을 스스로 인정하고 학교라는 낯선 공간에 익숙해질 수 있도록 집에서 다음에 소개한 몇 가지 방법으로 연습해보세요.

가장 좋은 방법은 아이와 부록에 추천한 그림책을 읽으며 자연스럽게 학교생활에 관한 이야기를 나누는 것입니다. 그림책을 매개로 한 대화는 아이가 자신의 감정을 안전하게 표현하게 돕고, 그 감정을 긍정적인 기대감으로 전환할 기회를 줍니다. 어른들이 드라마나 영화를 보고 이야기를 나누는 것처럼요. 특히, 책의 등장인물이 학교에서 겪는 이야기를 통해 아이가 학교에 대해 가진 두려움과 기대를 자연스럽게 꺼내어 이야기 나눌 수 있습니다. 예를 들어 《오싹오싹 거미 학교》(살림어린이)를 함께 읽으며 "주인공 케이트도 처음엔 학교가 무서웠대. 너는 학교를 떠올리면 어떤 느낌이 들어?" 하고 질문을 던지고 대화를 나눠보세요. 입학을 앞둔 아이의 마음이 편안해질 거예요.

학교에서 지켜야 할 규칙은 《두근두근! 나는 초등학교 1학년》(피카주니어)을 통해 재미있게 배워보세요. 감정 표현이 서툰 아이는 《감정을 안아 주는 말》(한빛에듀)을 읽으며 자신의 감정과 타인의 감정을 알아가는 시간을 가지면 좋습니다. 《완두》(진선아이)는 아이가 자기 모습을 있는 그대로 사랑하는 마음을 키우는 데 도움이 되고, 형제자매가 있다면 《터널》(논장)을 통해 서로의 소중함을 느낄 수 있습니다. 학교에서 다양한 친구와 어울리는 방법은 《달라도 친구》(웅진주니어)로 배울 수 있고, 시간 개념이 어려운 아이는 《1분이면…》(비룡소)을 통해 시간의 흐름과 속도를 재미있게 알 수 있어요. 우리말의 재미를 느끼고 싶다면 《고구마구마》(반달)를 읽으며 놀이를 통해 자연스럽게 언어 학습을 할 수 있습니다.

아직 보지 않았다면 영화 〈인사이드 아웃 2〉를 함께 보며 불안이의 감정을 얘기해도 좋습니다. 부모와의 이러한 소통이 학교에 대한 두려움을 줄이고, 새로운 환경에 대한 자신감을 심어줄 것입니다.

부모와 아이 모두 새로운 환경과의 첫 만남에 대해 막연한 두려움과 걱정을 느낍니다. 하지만 중요한 것은 이 불안을 긍정적인 에너지로 바꾸는 것입니다. "떨리지? 엄마도 학교에 처음 갈 때 그랬어. 하지만 학교는 새로운 친구를 만나고 재밌는 걸 배울 수 있는 곳이야!"라고 말해주세요. 뻔한 말이지만 아이에게 큰 힘이 됩니다.

마음을 바꾸는 시간, 21일

심리학자 맥스웰 몰츠(Maxwell Maltz)는 성형수술을 받은 환자들이 자신의 새로운 외모에 적응하는 데 걸리는 시간이 약 21일이라는 사실을 발견했습니다. 연구 결과 뇌가 변화를 받아들이는 데 일정한 시간이 필요하다는 결론을 내리면서 우리가 새로운 습관을 형성하거나 새로운 상황에 적응하는 데 약 21일이 걸린다는 '21일 법칙'을 제시했습니다.

이후, 이 법칙은 많은 심리학자와 일반인들 사이에서 새로운 환경에 적응하거나 습관을 형성하는 데 필요한 '절대 시간'으로 여겨지며, 미라클 모닝이나 독서 모임과 같은 다양한 실천법과 활동에 적용되었습니다.

아이가 학교생활에 잘 적응할 수 있도록 21일 동안 꾸준히 준비하면 어떨까요? 먼저, 아이와 함께 학교 준비물을 사러가는 시간을 가지세요. 아이와 준비물 체크리스트를 작성하고, 필요한 물건을 고르며 쇼핑하는 과정을 함께하는 것입니다. 새로운 연필, 노트, 책가방을 고르는 동안 아이는 학교에 대한 불안감이 줄어들고, 스스로 선택한 물건들로 인해 학교에 대한 기대감이 커질 수 있습니다.

입학할 초등학교를 배정받은 후에는 아이와 함께 미리 학교에 가보는 것도 좋습니다. ADHD 아이들은 낯선 환경에서의 적응을 힘들어하므로 사전 경험이 굉장히 중요합니다. 집에서부터 학교까지 가는 길도 익히고, 학교가 어떻게 생겼는지 미리 눈으로 익혀두면 학교에 적응하는 데 도움이 됩니다.

이러한 준비 과정은 아이와 부모 모두에게 새로운 시작을 긍정적으로 바라보는 힘을 길러줍니다. 아이의 속도에 맞춰 천천히 준비해보세요. 꼭 21일을 매일 같이 하지 않더라도 일주일에 한 번씩, 주말이나 특별한 날을 이용해 3주 동안 준비한다면, 불안이 큰 아이더라도 어느새 자신감 있게 책가방을 메고 학교를 향해 나설 수 있을 것입니다.

입학 후

1. 미라클 모닝! 학교만 가도 성공입니다

2. 아이의 급식 시간, 준비하면 달라집니다

3. 하교 시간은 관찰과 소통의 장

4. 친구 관계는 아이 성향에 따라 다르게

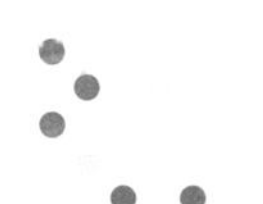

미라클 모닝! 학교만 가도 성공입니다

매일 아침 집을 나서기 전, 부모와 아이들은 한바탕 준비 전쟁을 치릅니다. 설상가상으로 늦잠을 잤다면 발등에 불이 떨어진 것과 다름없죠. 입에 빵을 물고서 아이 손을 잡고 후다닥 나갔는데 '아뿔싸! 차 키!' 산 넘어 산일 때도 있습니다. 특히 ADHD 아이가 있는 가정의 아침은 말로 설명할 수 없는 아수라장 그 자체입니다. 이제 이 혼란스러운 아침을 미라클 모닝으로 바꿔볼까요?

기분 좋은 기상 루틴 만들기

ADHD 아이들의 조절의 어려움은 수면의 질에도 영향을 미칩니다. 제 아이는 잘 시간이 다 되어서도 "엄마, 에너지가 아직 1000%예요." 하며 무서운 말을 합니다. 이것은 뇌가 '꺼지지 않는' 느낌 때문입니다. 평소 높은 에너지를 가지고 있으므로 잠들기 힘들고, 잠들고 나서도 악몽이나 잠꼬대, 소변 실수 등으로 수면의 질이 떨어집니다. 반면 아침에 일어나기는 무척 힘들어합니다. 충분히 자지 못해서이기도 하겠지만 온몸에 기운이 없고 축 늘어진 상태로 무기력한 모습을 보이지요.

밤늦게까지도 에너자이저였던 우리 아이가 자고 나면 배터리 0%로 보이는 이유는 무엇일까요? 이는 에너지가 없는 것이 아니라, 뒤늦게 잠든 뇌를 포함한 신체가 아직 덜 깼기 때문입니다. 이런 아이를 억지로 일으켜 세우면 짜증과 눈물로 아침을 열게 되어 생활에 부정적 영향을 미칩니다.

ADHD 아이들은 감각의 양면성을 가지고 있습니다. 강하게 껴안을 때는 안정감을 느끼지만(감각 둔감성), 옷의 태그나 단추가 많으면 불편해합니다(감각 예민성). 그러니 잠에서 깰 때 여러 감각 자극을 불편감 없이 수용하고 스트레스 없이 기분 좋게 일어날 수 있는 '기상 루틴'이 필요합니다.

우리 집 기상 루틴의 핵심은 '음악, 마사지, 긍정의 말'입니다. 알람이 울려도 일어나지 못하는 아이를 깨울 때 신체적 편안함과 감정적 안정감을 통해 기분 좋은 아침을 만들어주는 방법입니다.

먼저, 청각 자극을 위해 매일 기상 시간에 맞춰 동요 모음집이나 장조의 선율이 흐르는 음악을 틀어놓고 아이에게 다가가 일어날 시간이라고 알려줍니다. 그런 다음 신체 각성을 위해 다리, 팔, 얼굴 순으로 부드럽게 마사지합니다. 잠든 신체가 부드러운 촉각 자극을 통해 깨어날 수 있도록 돕는 과정입니다. 다리는 발바닥에서 시작해 발목에서 허벅지까지, 팔은 손바닥에서 시작해 손목을 거쳐 팔까지 천천히 약간의 힘을 주어 눌러 마사지합니다. 얼굴은 특히 이마와 관자놀이를 부드럽게 마사지해주는데, 이때 시력 활성화를 위해 눈 주변의 근육을 손가락으로 섬세하게 풀어줍니다. 그러고는 감정적 안정감을 위해 따뜻한 목소리로 긍정의 말을 건넵니다.

"굿모닝, 좋은 아침이야." **(아침 인사)**
"기분 좋게 잘 일어날 수 있지?" **(자기효능감 및 신뢰 형성)**
"오늘은 재밌는 일이 가득할 거야." **(긍정적 시각 및 동기부여)**

그래도 일어나기 어려워하면 아이를 꽉 안아주며 부드럽게 일으킵니다. 이렇게 매일 아침 같은 루틴을 반복하면, 아이도 점차 적당히 각성된 상태로 일어나는 데 익숙해집니다.

예측할 수 있고 일관된 루틴 만들기

잘 일어났다면 이제 등교 준비를 해야 합니다. ADHD 아이에게 가장 중요한 것은 예측할 수 있고 일관된 일과 루틴을 만드는 것입니다. 자동화된 행동 루틴은 불필요한 생각과 갈등을 줄여주어 아이가 등교 스트레스로 인해 시간과 에너지를 낭비하지 않도록 도와줍니다. 그리고 반복 연습을 통해 생긴 루틴은 곧 뇌의 브레이크를 만드는 힘이 되어 안정감을 줍니다.

과연 시간과 에너지를 효율적으로 쓰는 방법은 무엇일까요? 우선 아이와 함께 일과표를 짜서 하루를 구조화하는 것이 좋습니다. 제가 실천했던 방법 중에 초등학교 입학 후 3개월 만에 여유로운 아침을 만든 방법을 공유합니다.

루틴 만들기 1. 과업 세분화하여 연결하기

작업기억력이 낮은 ADHD 아이들은 해야 할 과업을 작은 단계로 쪼개어 수행하도록 도와주면 좋습니다. 과업 간 연관성이 있거나 이동 동선이 연결되는 과업끼리 묶어 배치하는 것이 핵심입니다.

세수하기 과업 : 욕실에 들어가기 – 변기에서 소변보기 – 세면대 물 틀기 – 세수하기 – 물 잠그기 – 얼굴 닦기 – 로션 바르기

옷 입기 과업 : 옷방으로 들어가기 – 상의, 하의, 속옷, 양말 고르기 – 잠옷 벗기 – 고른 옷 입기 – 잠옷은 빨래 바구니에 넣기

아침 식사 과업 : 식기, 마실 물 준비 - 식탁에 앉기 – 식사하기 - 인사하기 - 식기 정리 - 입 닦기

외출 준비 과업 : 신발 신기 - 거울 보기 - 옷매무새, 머리 다듬기 - 현관

문 나서기

이렇게 학교에 가기 전에 수행할 아침 과업을 세분화한 후 위의 과정이 자동으로 연결될 수 있도록 백 번이고, 이백 번이고 알려주고 반복 연습을 하게 하면 됩니다. 한두 번의 연습으로는 되지 않아도 3개월이면 어느 정도 성과를 볼 수 있습니다. 실제로 이렇게 아침 과업을 세분화하여 연결하는 루틴으로 제 아이는 아침에 해바라기 꽃에 물을 주고, 물고기 밥까지 주고 가는 여유가 생겼습니다. 그야말로 미라클 모닝이죠.

루틴 만들기 2. 과업별 시작 시간과 끝낼 시간 알려주기

행동을 쪼개고 순서대로 루틴을 짜는 건 아이의 수행능력을 고려하여 부모와 아이가 함께할 수 있습니다. 그러나 '등교'라는 제한 시간 내에 행동을 완수하기 위해서는 부모가 시간 개념을 구성해줘야 합니다. ADHD 아이들이 가장 어려워하는 일 중 하나가 시간의 흐름을 아는 것이니까요.

제 아이도 학교에 갈 무렵, 아날로그 시계로 시간을 읽을 줄은 알았지만, 시간이 어느 정도 흘렀는지를 인지하는 것은 어려워했습니다. ADHD 아이들은 작업기억이 부족하고, 한 가지 일에 몰두하면 다음 과업을 잊는 일쯤은 당연하기 때문입니다. 그러면 어떻게 도와주는 것이 좋을까요?

먼저, 마감기한을 고려하여 과업의 시작과 끝 시간을 명확하게 알려줘야 합니다. 이때 버퍼 시간을 고려하는 것이 좋습니다. 예기치 못한 상황에 대비해 약간의 여유 시간을 포함해 계획을 세우는 것이죠. 버퍼 시간도 그냥 흘려보내는 시간이 아니라 ADHD 아이들이 가장 어려워하는 점검 부분을 살짝 넣어주는 것이 좋습니다. 옷을 입긴 했는데 거꾸로 입었다거나 바지춤이 돌아갔다거나 하는 일이 흔하니까요. 앞의 루틴을 가져와서 설명하면 다음과 같습니다.

07:30~07:45 : 세수하기 및 거울 보기

07:45~08:00 : 옷 입기 및 매무새 다듬기

08:00~08:15 : 아침 식사 및 입 닦기

08:15~08:20 : 이 닦기 및 입 닦기

08:20~08:30 : 책가방 챙기기 및 준비물 점검

08:30~08:35 : 신발 신기 및 매무새 다듬기

이렇게 세분화한 계획과 실행을 가능하게 하는 도구 중 가장 효과적인 것은 바로 타이머 기능이 있는 투두리스트 체크보드입니다.

우리 집에서는 투두리스트(To-do list) 보드를 특히 등교 시간과 하교 후 숙제 시간에 잘 사용하고 있습니다. 해야 할 과업을 투두리스트에 적어두고, 완료할 때마다 오른쪽 스위치를 직접 체크 모드로 밀면 됩니다. 알람 시간을 설정하면 시각적으로 숫자가 표시될 뿐만 아니라, 종료 시각을 알아차

릴 수 있도록 도와줍니다.

ADHD 아이는 '내가 몇 시까지 준비해야 늦지 않을 것이다.'라는 예측 행동이 어려우므로 이러한 시각적 타이머를 활용하는 것은 큰 도움이 됩니다. 특히 저학년이면 등교 전에 할 일 혹은 하교 후에 할 일을 그림으로 준비해서 이미 한 것은 그림을 떼어서 다른 쪽에 붙이는 방법도 좋습니다.

이렇게 세분화한 계획과 적절한 도구를 활용하면 산만한 아이도 시간과 에너지를 효율적으로 활용할 수 있습니다. 아침 시간에 비축한 에너지는 수업시간에 집중력을 유지하는 데 활용되며 하루의 시작을 안정적으로 할 수 있게 도와줍니다.

루틴 만들기 3. **즉각적 보상으로 긍정 행동 굳히기**

투두리스트 보드를 활용하여 등교 시간을 계획했다면 이제 자동적 행동으로 연결될 수 있도록 굳히기에 들어가야 합니다. 위와 같은 방법을 활용할 때는 빼먹지 않아야 하는 것이 있습니다. 바로 즉각적인 보상입니다.

대부분의 ADHD 아이들과 마찬가지로 제 아이도 칭찬스티커 모으기에 열광하는 편입니다. 그래서 칭찬스티커를 모을 수 있는 절호의 기회를 아침 시간에 활용하면 최상의 효과를 발휘합니다. 예를 들어 제 아이는 투두리스트 보드의 아침 과업이 모두 체크 모드로 표시되면 해바라기에 물을 줄 수 있습니다. 그리고 제시간에 맞춰 끝내면 물고기 밥을 줄 수 있습니다. 해

바라기 물 주기로 스티커 1개, 물고기 밥 주기로 스티커 1개. 이렇게 아침에 벌써 칭찬스티커 2개를 받았다며 즐거운 발걸음으로 집을 나섭니다.

ADHD 아이들은 왜 칭찬스티커 하나에 열정을 쏟는 걸까요? ADHD 아이들은 참을성이 없는 것이 아니라 실행기능이 부족하여 장기적인 목표를 위해 현재의 욕구를 억제하는 데 어려움이 있습니다. 즉, 즉각적인 보상을 포기하고 더 나은 미래의 보상을 기다릴 수 있는 능력이 아직 미숙합니다. 그런데 칭찬스티커는 행동과 보상 사이의 시간을 최소화하는 시각적이고 구체적인 토큰으로 작용하여 아이들의 행동을 강화합니다.

작은 일상의 루틴이라도 계획대로 실행하는 데 성공했다면 스티커를 내밀며 아이를 포옹해주세요. 아이도 부모도 행복 에너지를 가득 충전하며 하루를 시작할 수 있을 겁니다. "오늘 아침은 에너지가 1000%!"라며 여유롭게 콧노래를 흥얼거리며 엄마를 안아줄 수도 있지요.

이렇게 미라클 모닝을 만드는 일은 부모가 아침을 어떻게 설계하느냐에 따라 달라집니다. 기분 좋은 기상 루틴을 통해 감각을 깨우고, 예측 가능한 일정과 즉각적인 보상 시스템을 통해 여유로운 아침을 만들 수 있습니다. 제 아이의 사례처럼 자동적 행동 연결을 통해 에너지를 효율적으로 사용하게 되면 남은 에너지는 등굣길 바람을 느끼고, 수업시간 선생님 말씀에 집중하며, 친구들과 뛰어노는 데 사용할 수 있습니다.

미국에서 손꼽는 대기업의 설립자인 스티브 잡스와 마크 저커버그 역시 ADHD 경험이 있습니다. 둘에게는 특이한 아침 루틴이 있는데 상상을 초월하는 부자임에도 매일 같은 옷을 입고 출근을 한다는 것입니다. 그 이유는 '의사결정을 줄이고, 회사 일에 집중하기 위해서'라고 합니다.

제 아이도 맘에 드는 옷이 있으면 몇 달간은 그 옷만 입고 학교에 갑니다. 주로 축구 유니폼과 태권도 하복이지요. 아무래도 학교 수업에 집중하기 위한 것은 아닌 것 같지만 말입니다.

선배맘

즉각적 보상과 지연 보상

ADHD 아이들이 즉각적 보상을 추구하는 경향이 있지만, 지연된 만족을 경험하는 것도 중요합니다. 유명한 월터 미셸의 '마시멜로 실험'에서 연구원은 4~6세의 아이들에게 1개의 마시멜로를 주면서, 잠시 자리를 비운 15분을 기다리면 2개의 마시멜로를 받을 수 있다고 말했습니다. 월터는 즉각적 보상을 선택하고 마시멜로 1개를 먹어버린 아이들과 연구원이 돌아올 때까지 기다려 2개를 받은 아이들을 추적 조사하였습니다. 그 결과 지연된 보상을 선택한 아이들이 학업 성취도, 직업 성취, 스트레스 관리, 건강 측면에서 더 높은 성과를 보였습니다. 그러면 ADHD 아이들이 지연된 만족을 추구하도록 돕는 방법은 무엇일까요?

1. 한 입으로 시작해 사과 한 알까지 : 연속적인 작은 성공

목표를 잘게 쪼개 달성할 때마다 작은 보상을 제공하고, 최종 목표를 달성했을 때는 더 큰 보상을 주는 방법이 있습니다. 예를 들어, 숙제를 10분 동안 집중해서 하면 짧은 휴식시간을 주고, 모든 숙제를 끝냈을 때 훨씬 긴 30분간 자유시간을 주는 것입니다.

2. 성공 이후의 내 모습을 상상하기 : 심상 훈련

성공 경험은 자존감을 높이는 데 매우 효과적입니다. 성공을 위해서는 눈앞의 욕구나 유혹을 포기하고 목표를 달성하기 위해 꾸준히 노력해야 합니다. 그러니 너무 달성하기 어려운 목표가 아니라 아이가 조금만 노력해도 달성할 수 있는 목표를 세우고 그에 대한 보상을 그리게 하세요. 제 아이의 경우 태권도 수업에 매일 빠지지 않도록, 빨간 띠를 매고 축하를 받는 모습을 상상하게 하였습니다. 그리고 실제로 빨간 띠를 땄을 때 케이크를 사서 파티를 해주었습니다. 이러한 경험 덕분에 지금도 다음 단계 띠를 따기 위해 매일 열심히 도장에 다니고 있습니다.

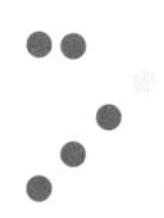

아이의 급식 시간,
준비하면 달라집니다

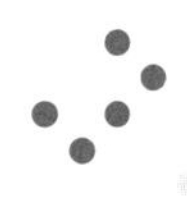

"엄마, 오늘은 마라탕이 나왔어요!"

매운 마라탕을 먹고 뿌듯해하며 어깨가 한껏 올라간 아이와는 달리, 엄마는 입가에 묻은 빨간 국물을 닦아주고 싶은 마음부터 듭니다. 아이의 얘기를 듣지 않아도 소매나 어깨를 보면 그날의 급식 메뉴가 무엇이었는지 짐작이 갈 때도 많습니다. 5교시가 끝날 때까지 국물을 묻히고 있었다니, 씁쓸하기도 하고 웃음이 나기도 합니다.

급식실은 그야말로 전쟁터와도 같은 공간입니다. 수십, 수백 명의 아이가 동시에 모여 식사를 하는 동안 시각적, 청각적, 후각적인 자극이 넘쳐나지요. 특히 주의력이 부족한 ADHD 아이들에게는 이러한 상황이 더 큰 도전이 됩니다.

급식실에서 아이들이 직면하는 가장 큰 문제는 식판을 안정적으로 옮겨 움직이지 않고 제자리에 앉아 식사를 마치는 것입니다. 집중력이 쉽게 흐트러지는 상황에서 무겁고 큰 식판을 들고 옮기다 보면, 음식을 쏟거나 다른 친구와 부딪히는 일이 자주 발생합니다. 여기에 더해, 제한된 시간 내에 식사를 마쳐야 하는 압박감을 느껴 소화가 잘 되지 않을 수도 있습니다. 수저 사용이 서툴다면 입가에 묻은 얼룩 정도는 애교로 봐야겠죠.

초등학교 입학을 앞둔 ADHD 아이들에게 급식실은 단순히 밥을 먹는 곳 이상의 의미를 가집니다. 급식실은 학교에서 최고의 주의력과 신체조절능력을 요구하는 공간이기 때문입니다. 따라서 학교에 들어가기 전, 가정에서부터 급식 상황에 대비한 연습이 필요합니다.

잘 먹고 잘 자라기 위한 작은 준비, 큰 변화로 이어진다

가정에서의 연습은 자연스럽게 식습관과 실행기능이 발달하는 데 중요한 역할을 합니다. 초등학교에 입학하기 전에 다음과 같은 간단한 일상 훈련으로 기본적인 자기관리능력을 익히도록 도와주세요. 반복적인 연습은 ADHD 아이들의 자율성 및 실행기능 발달에 효과적입니다.

급식 연습 1. 가족과 식사 후 식판 정리하기

가정에서 가장 쉽게 할 수 있는 연습 중 하나는 식사를 식판에 덜어서 하고, 식사를 마친 후 직접 식판을 설거지통에 옮기는 것입니다. 아이 스스로 자신의 식판을 들고 주변 장애물이나 가족들을 피해 주방의 설거지통에 가져다 놓는 과정에서 균형 감각을 키울 수 있습니다.

이 과정에서 부모의 역할은 아이가 실수해도 혼내지 않고, 차분히 다시 시도할 수 있도록 격려해주는 것입니다. 아이에게는 이것이 '급식실에서 식판 옮기기'라는 더 큰 도전을 준비하는 기회입니다.

급식 연습 2. 손님에게 다과 가져다드리기

또 다른 좋은 훈련 방법은 손님에게 다과를 가져다주는 임무를 주는 것입니다. 가령 친척이나 방문교사가 집에 왔을 때, 아이 스스로 쟁반에 다과를 준비해 나르게 해 보세요. 컵과 접시, 포크가 담긴 쟁반을 흔들리지 않게 움직이는 데는 꽤 높은 수준의 조절력이 필요합니다.

컵의 크기에 맞춰 물이나 음료를 따르는 연습도 자연스럽게 해 보면 좋습니다. 이와 같은 미세한 신체 조절력은 일상생활에서 자연스럽게 꾸준히 익히는 것이 가장 좋은 방법이니까요.

부모는 그저 엎어져도 깨지지 않는 컵과 접시, 적당한 과일과 음료수를 준비해주고, 아이가 조심스럽게 쟁반을 옮기는 과정을 지켜봐주세요. 실수를 하더라도 나무라지 말고 성공했을 때는 크게 칭찬해주세요. 자신감을 얻은 아이는 급식실에서 식판을 옮기는 것도 잘 할 수 있을 것입니다.

급식 연습 3. 점심시간 계획하고 수행하기

급식실에서 점심을 먹는 일련의 과정을 떠올려 보면 꽤 많은 단계를 순서대로 거쳐야 합니다. 점심시간에 맞춰서 급식실로 이동하고 줄을 서고 식판, 숟가락, 젓가락을 들고 음식을 받은 후 빈자리를 찾아 조심히 이동해야 합니다. 이 모든 과정이 수월하게 이루어지기 위해서는 각 단계별로 계획을 세우고 순서대로 수행해야 합니다.

그러니 평소 이렇게 일련의 과정이 수반되는 과제를 많이 연습하는 것이 좋습니다. 예를 들어, 냉장고에서 사과를 꺼내고 포크를 준비해서 쟁반에 담아오기와 같은 과제를 가정에서 연습함으로써 순서대로 계획하고 수행하는 실행능력을 기를 수 있습니다.

급식 연습 4. 소근육 발달을 돕는 활동하기

소근육 발달은 단순히 손의 힘을 기르는 것 이상의 의미를 가집니다. 예를 들어 사탕 껍질을 벗기지 못해서 좌절할 수도 있고, 요구르트 뚜껑을 따지 못해 자존감이 떨어져서 온종일 위축될 수도 있죠. 그러니 일상에서 자연스럽게 소근육을 발달하는 활동을 해 보세요. 특히 급식실에서 마주할 수 있는 상황에도 대비하는 게 좋습니다. 예를 들어 주스나 요구르트 뚜껑을 직접 따보거나 우유갑을 여는 연습만으로도 큰 도움이 됩니다.

하유정 선생님의 《두근두근 초등 1학년 입학 준비》(빅피시)에서는 정리된 과일 대신 꼭지가 달린 딸기나 방울토마토, 숟가락으로 떠먹는 키위 같은 과일을 먹는 연습을 추천합니다. 이처럼 아이가 사과나 포도를 껍질째 먹는 경험을 통해 다양한 음식에 적응할 수 있도록 돕는 것도 좋은 방법입니다.

'천천히 가더라도 끝까지 가면 도착한다.'라는 말처럼, 아이가 자신의 속도대로 성장해나갈 수 있도록 도와주세요. 시간이 조금 더 걸리더라도 반복적인 연습과 따뜻한 응원이 아이에게 큰 변화를 만들어줄 것입니다.

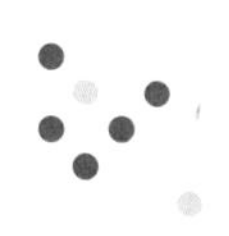

하교 시간은 관찰과 소통의 장

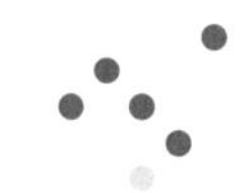

"엄마, 떨어지는 벚꽃을 잡으면 소원을 빌 거야."

아이와 함께 학교 앞 공원에서 나눴던 대화가 기억납니다. 엄마한테만 알려준다던 소원의 내용도 아직 생생합니다.

"내 소원은 엄마랑 매일 학교 마치면 손잡고 집까지 가는 거야."

이 소원이 이루어졌을까요? 1학기를 마치기도 전에 "이제 학교 끝나면 친구들이랑 같이 집에 갈 거야. 데리러 오지 않아도 돼."라고 당차게 선언하며 이 소원은 자연스럽게 끝났지만, 가끔 하굣길에 데리러 가면 아이는 함박웃음을 지으며 달려와 엄마를 반겨줍니다.

워킹맘으로서 아이와 함께하는 시간이 부족했던 제게 아이의 초등학교 1학년 동안 가장 행복했던 순간은 바로 하교 시간이었습니다. 벚꽃이 흩날리는 길을 아이와 함께 뛰어다니고, 공원 분수에서 함께 물방울을 맞으며 신나게 놀았던 기억이 생생합니다. 어느 날은 길가에서 도마뱀을 잡기도 했고, 어느 날은 호랑나비 한 쌍을 따라가며 자연 속에서 함께한 시간이 무척 소중했습니다. 그 순간이 너무나 행복해서 시간이 멈췄으면 좋겠다고 바라기도 했지요.

직장에서 일하면서도 지금 아이가 무엇을 하고 있을지 궁금했고, 함께하는 시간이 짧은 아쉬움이 늘 마음 한편에 자리 잡고 있었습니다. 그런 제게 아이와 함께 집으로 돌아오는 길은 놓쳤던 소중한 시간을 다시 채울 수 있는 귀중한 기회였고, 그 길에서 나눴던 대화와 쌓은 추억은 우리 둘 모두에게 큰 행복이 되었습니다.

하교 시간을 잘 활용하세요

하교 시간은 단순히 아이를 데리러 가는 것 이상의 의미가 있습니다. 이 시간은 아이의 친구 관계를 자연스럽게 관찰하는 기회가 되기도 합니다. 교문 앞에서 아이가 하교하는 모습을 살펴보면 아이가 친구들과 어떻게 어울리는지, 어떻게 감정을 표현하는지를 가까이서 볼 수 있습니다. 이런 관찰을 통해 아이의 친구 관계에 대해 더 깊이 이해할 수 있지요.

또, 1학년 학기 초에는 아이들의 학교생활 적응을 위해 수업이 끝난 후 담임 선생님이 아이들을 교문까지 데려다 주므로 자연스럽게 아이의 학교생활에 관해 궁금한 점을 물어볼 수도 있습니다. ADHD 아이를 키우는 부모에게는 아이의 상황을 보다 잘 확인할 수 있는 소중한 기회인 셈입니다.

"아이가 정말 많이 달라졌어요. 감정 표현이 서툴러서 때때로 친구들과 오해가 생기기도 했는데, 요즘은 고운 말로 자기 마음을 표현하니 친구들도 아이를 더 좋아하게 되었어요. 어머님께서 이렇게 세심하게 챙겨주시니 하루가 다르게 성장하는 것 같습니다."

어느 날 하굣길에 마주친 아이의 담임선생님께서 반가운 표정으로 이렇게 말씀하셨습니다. 평소 아이가 서툰 표현으로 오해를 받는 경우가 많아 속상할 때도 있었지만, 선생님의 말씀을 듣고 나니 안도감이 들었습니다. 이러한 긍정적인 변화에는 하교 시간 동안 아이와 지속하여 나눈 대화와 함께했던 시간이 큰 힘이 되었다고 생각합니다.

ADHD 아이들은 감정을 인지하고 표현하는 데 어려움을 겪는 경우가 많은데, 하교 시간의 대화와 놀이가 아이에게는 중요한 정서적 훈련이 됩니다. 엄마와 함께 나뭇잎이 떨어지는 길을 걷거나, 바람을 맞으며 계절의 변화를 느끼는 작은 순간들이 아이의 감정 발달에 큰 도움이 될 수 있습니다.

하교 후 놀이터에서 친구와 노는 시간을 가지는 것도 좋습니다. 학교에서는 실수하지 않고 잘 해내기 위해 긴장을 했을 테니 긴장감을 내려놓고 친구들과 편안하게 노는 시간을 갖는 것도 필요합니다. 물론 요즘은 방과 후 바로 이어지는 학원 루틴으로 놀이터에서 친구들을 만나기 쉽지 않지만 짬짬이 틈을 내어 노는 아이들은 언제고 있으니 놀이터에서의 시간을 아까워하지 마세요.

직접 데리러 가지 못하는 워킹맘이라면, 아이의 하교 시간에 맞춰 아이와 전화로 대화를 나누세요. 영상 통화면 더 좋습니다. "오늘 기분은 어때?", "급식 메뉴 중에서 뭐가 제일 맛있었어?"와 같은 간단한 질문을 통해 아이의 기분을 확인할 수 있고, 아이는 자신을 향한 엄마의 관심과 사랑을 느낄 수 있어서 큰 힘이 됩니다.

아이에게 핸드폰이 없다면 저녁 시간의 산책을 추천하고 싶습니다. 저 역시 아이와 저녁 식사 후 손을 잡고 아파트 단지를 걷거나, 벤치에 앉아 아이스크림을 함께 먹었던 추억이 생생합니다. 가끔 아이가 저녁 산책을 떠올리며 이야기하는 것을 보면, 그때 함께했던 시간이 아이에게도 깊은 인상을 남겼던 것 같습니다.

중요한 것은 '얼마나 많은 시간을 함께 보내느냐'보다 '그 시간을 얼마나 밀도 있게 보내느냐'입니다. 짧은 시간 속에서도 충분한 사랑과 관심을 표현한다면, 그 시간은 아이에게 오래도록 기억에 남는 소중한 추억이 될 것입니다.

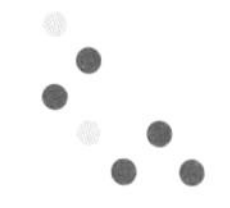

친구 관계는 아이 성향에 따라 다르게

초등학교 입학을 앞둔 부모님은 걱정이 많습니다. 아이가 학교생활에 잘 적응할지, 선생님의 지시에 잘 따를지, 친구를 잘 사귈 수 있을지 고민하게 됩니다. 특히 ADHD가 있는 아이라면 친구 관계에서 어려움을 겪지 않을까 하는 걱정이 더 크게 다가옵니다.

사실 친구 관계의 형성과 발전은 부모가 일일이 개입할 수 없는 부분이니 지나치게 걱정하지 않으셔도 됩니다. 아이마다 고유의 성향과 기질이 있으니 그에 따라 친구를 사귀는 방식도 다르기 마련입니다. 어떤 아이는 한 명의 절친과 지내는 것을 편하게 여기고, 어떤 아이는 여럿과 함께 어울리는 것을 좋아하며, 어떤 아이는 그저 혼자 시간을 보내는 것을 좋아합니다. 만약 아이가 혼자 있는 것을 좋아하는 내향형 기질의 아이라면 그러한 기질을 존중해주세요. 친구가 많아야만 사회성이 좋은 것은 아닙니다.

부모는 아이를 믿고 지켜보면서 아이가 적절한 사회적 기술을 익힐 수 있는 환경을 마련해주는 것만으로도 충분합니다.

ADHD 아이들의 친구 관계, 그 진짜 모습은?

ADHD 아이들은 활달하고 외향적인 성향 덕분에 겉으로는 친구들과 잘 어울리는 것처럼 보일 때가 많습니다. 놀이터에서 처음 만난 친구들과도 금방 함께 뛰어놀고, 종종 소외된 친구들에게도 먼저 다가가 놀자고 제안합니다. 그런데 자세히 관찰해보면 서로 다른 말을 하며 각자 따로 놀고 있거나, 친구들과 다른 방향으로 혼자 뛰고 있거나, 친구들 간의 규칙을 따르지 않는 모습을 보일 때가 있습니다. 즉, 겉으로는 잘 어울리는 것처럼 보여도 실질적으로는 소통이나 상호작용이 원활하지 않은 경우가 많지요.

특히 ADHD 아이들은 종종 '이기적이다', '배려심이 없다', '예의가 부족하다'라는 평가를 받곤 합니다. 하지만 이런 평가는 사회성의 문제라기보다는 아이들이 아직 배워야 할 것이 많다는 것을 의미합니다. 아이가 자신의 마음만큼이나 친구의 마음도 중요하다는 사실을 깨닫고, 친구의 감정을 배려하는 법을 익히도록 천천히 가르쳐주어야 합니다.

간혹 제 아들은 단순한 호기심에 상대 아이에게 예상외의 질문을 던지거나, 너무 솔직하게 자기 생각을 표현하는 경우가 있습니다. 한번은 다른 반

여자 친구가 제게 와서 "이모, 얘가 자꾸 핸드폰 번호를 달라고 해요."라고 하더군요. 아들은 그저 처음 산 핸드폰을 자랑하고 싶었고, 친구와 더 가까워지고 싶어서 물어본 것이었지만, 상대 아이는 불편함을 느낀 상황이었습니다. ADHD 아이들은 이런 식으로 자신이 한 말이나 행동이 상대방에게 어떻게 받아들여질지 잘 인지하지 못하는 경우가 많습니다.

반대로 ADHD 아이들은 다른 사람의 말이나 행동을 '말 그대로' 받아들이는 경우가 많습니다. 즉 언어의 표면적 의미를 그대로 받아들이고, 어떤 속뜻이 있는지를 알아차리지 못합니다. 어느 날 놀이터에서 친구가 아들에게 "야, 10분 후에 다시 올 테니까 기다려! 너 안 기다리면 학교에서…"라고 말하고 사라졌을 때, 아들은 그 말을 그대로 받아들이고 정말 10분 후에 친구와 놀 수 있을 것이라는 기대감에 가득 차 기다렸습니다. 물론 그 친구는 나타나지 않았지만요.

이처럼 ADHD 아이들은 자신의 의도와는 다르게 타인의 감정을 이해하고 소통하는 데 어려움을 겪는 경우가 많습니다. 이러한 이유로 친구 관계에서 오해가 생기거나 친구 관계가 깊이 발전하지 못하기도 합니다. 하지만 상대방의 의도와 감정을 이해하고, 그에 맞춰 적절하게 반응하는 능력은 ADHD가 있는 아이들뿐만 아니라 모두에게 매우 필요한 사회적 기술이므로 훈련이 필요합니다.

친구가 여럿이 아니어도 괜찮습니다

많은 부모가 아이가 친구를 여러 명 사귀지 않으면 사회성이 부족한 것은 아닐까 하고 걱정합니다. 하지만 사실 친구 관계는 한 명씩 천천히 사귀는 것이 좋습니다. 친구의 수를 늘리는 것보다 관계를 맺는 과정에서 배울 수 있는 것이 훨씬 많고 중요하기 때문입니다. 한 명부터 시작해 서두르지 않고 차근차근 관계를 형성하는 것이 건강한 친구 관계를 만드는 방법입니다.

아이가 친해지고 싶은 친구가 있다면 그 친구를 집으로 초대하거나 키즈카페에 함께 가는 기회를 만들어주는 것도 좋고, 여럿이 어울릴 수 있도록 생일 파티를 계획하거나, 카드나 편지를 준비해 친구에게 전해주는 방법도 관계 형성에 큰 도움이 됩니다.

제 아이의 경우, 유치원에서 남자아이들과만 어울려 놀았습니다. 그 이유를 물어보니 "여자 친구들은 앉아서만 놀아.", "잘못한 걸 선생님께 자꾸 말하고, 나를 혼내고 째려봐."라고 말하더군요. 그래서 아들은 여자아이들과 잘 어울리지 못하고 거리를 두곤 했습니다. 그런데 학교에 입학한 후, 아이는 여자 친구들과도 자연스럽게 어울리기 시작했습니다. 같은 반 여자 친구 중 한 명이 어릴 적부터 함께 어린이집에 다닌 친구였는데 아들은 이 친구를 신뢰했고, 이 친구 또한 사회성이 뛰어나고 이해심이 많은 아이였습니다. 이 친구를 집에 초대해 함께 놀고, 친구의 생일 파티에 참석해 시간을 보내다 보니 자연스레 다른 여자 친구들에게도 마음을 열었습니다. 덕분에 여자 친구들에 대한 거부감이 사라졌고, 이제는 여자 친구들과도 잘 어울리며 친구 관계를 형성하고 있습니다.

이처럼 아이가 자신의 속도에 맞게 친구 관계를 형성할 수 있도록 기다려주어야 합니다. 친구의 수가 많지 않아도 문제 없습니다. 중요한 것은 아이가 그 관계에서 배워가는 경험입니다. 한두 명의 친구와 지속적인 관계를 유지하면서 갈등 상황도 겪어보고, 화해도 해 보는 과정에서 사회성의 질을 높이는 것이 중요합니다.

친구 관계, 아이에게 맡기고 지켜봐주세요

아이의 친구 관계는 부모의 과제가 아니며, 아이 스스로 자아를 형성하고 사회성을 길러 나가는 과정에서 겪어야 하는 과정입니다. 아이를 걱정하는 마음에 부모가 조바심으로 지나친 개입을 하면, 오히려 아이의 사회성 발달에 부정적인 영향을 미칠 수 있습니다. 아이마다 친구를 사귀는 방식이 다르기 때문입니다. 그러니 아이가 자신의 속도에 맞춰 친구 관계를 만들어가도록 믿고 기다려주세요.

"친구가 왜 한 명뿐이니?"라거나 "왜 그 친구만 따라다니니?"와 같은 질문보다는 "네가 좋아하는 친구는 누구야?", "그 친구의 어떤 점이 좋니?", "너는 그 친구에게 어떤 친구야?"와 같이 물어보세요. 이런 질문은 아이가 어떤 친구가 자신과 잘 맞는지, 좋은 친구란 무엇인지 스스로 생각하게 해 주고, 건강한 친구 관계를 만들어가는 데 큰 도움이 됩니다.

억지로 만든 친구 관계는 오래가지 않습니다. 특히 엄마들끼리의 친분으로 인해 형성된 친구 관계는 자칫 아이에게 더 큰 부담이 될 수 있습니다. 부모는 그저 아이가 성장하는 모습을 응원하고, 그 과정이 자연스럽게 흘러가도록 살짝 코치해 주면 좋습니다. ADHD 아이들도 자신만의 방식과 속도로 소중한 친구를 만나, 그 관계를 소중히 발전시켜 나갈 수 있을 겁니다.

친구 관계에 문제가 생겼다면?

친구 관계는 부모가 한 발짝 물러서 지켜보는 것이 좋지만 다음과 같은 문제가 반복되어 심각해질 경우 교사와 협력하여 문제 해결에 나서야 합니다. 부모의 개입이 필요한 상황에서는 어떤 순서로 대응해야 할까요?

• 물리적 충돌, 언어폭력 등으로 아이나 친구가 다친 경우

- 특정 친구와 지속적으로 갈등이 발생해 관계가 악화하는 경우
- 아이가 친구들로부터 고립되거나 배척당하고 있는 경우
- 담임 교사가 문제를 인지하고 부모와 상의하기를 요청한 경우
- 문제가 심각해져 학교폭력위원회 등 공식적인 절차가 필요한 경우

위와 같은 상황이 발생했을 때 가장 먼저 해야 할 일은 아이와 대화하며 상황을 파악하는 것입니다. "무슨 일이 있었어?" 또는 "그때 네 기분은 어땠어?"와 같은 열린 질문으로 아이가 편안하게 상황을 이야기할 수 있도록 도와주세요. 단, 아이가 학교에서 있었던 일을 전달할 때 본능적으로 자신에게 유리한 대로 말한다는 점을 기억하세요. 아이의 말만 듣고 감정적으로 동요하지 않도록 주의하셔야 합니다.

교실에서 친구끼리 다툼이 있거나 다치는 등 사건이 발생하면 보통 담임 교사가 부모에게 전화해서 사건을 설명합니다. 교사가 생각하기에 사소한 문제라고 판단하는 경우에는 사건의 개요를 다 전하지 않을 수도 있습니다. 어떤 사건이든 사람마다 입장과 판단이 다를 수 있으니 문제 상황이 발생했을 때는 교사와 신뢰 관계를 바탕으로 소통하면서 해결의 실마리를 찾으세요.

점심시간이나 하교 시간처럼 교사가 모든 상황을 직접 보지 못했을 가능성도 염두에 두고 대화해야 합니다. 이 과정에서 교사에게 책임을 묻거나,

감정적으로 접근하지 않도록 주의하세요. 또한, 아이의 잘못된 행동이 있었다면 이를 인정하고 협력적인 태도를 보이는 것이 중요합니다.

"아이와 이야기해보니 OO 친구와 이런 상황이 있었다고 합니다. 선생님께서 보신 상황은 어떠셨나요?"

"아이 말로는 점심시간에 이런 일이 있었다고 해요. 학교에서도 다툼이 이어지는 것 같아 걱정입니다. 선생님께서 도와주실 수 있을까요?"

이렇게 교내에서 문제가 발생하면 교사의 중재와 지침에 따르는 것이 가장 자연스러운 해결 방법입니다. 교사는 아이들과 개별 상담을 통해 행동을 돌아보고 감정을 위로하며 화해를 돕습니다. 이 과정이 원활히 진행되도록 부모는 선생님과 꾸준히 소통하며 상황을 지켜보세요. 학교에서는 교사가, 집에서는 부모가 함께 힘을 합쳐 1년간 아이를 교육하고 지도한다고 생각하면 됩니다.

교외에서 발생한 갈등이 학교생활에 영향을 미칠 때도 교사에게 상황을 공유하고 도움을 요청하세요. 상대 아이의 부모와 대화할 때는 갈등이 부모 간 문제로 번지지 않도록 주의해야 합니다.

서로 간의 갈등이 심각해져 학교폭력으로 신고되면 학교 소속 학교폭력 전담기구에서 사안을 조사하고 이를 토대로 학교장 자체 해결로 종결할지, 학교폭력대책심의위원회(학폭위)로 보낼지 심의합니다. 학폭위는 위원장

1인을 포함하여 10명 이상 50명 이내의 위원으로 이루어지는데 전체 위원의 1/3 이상이 관할 구역 내 학교 학부모로 구성됩니다. 사건경위서를 검토하고 아이의 입장을 대변하는 의견서를 작성하면 심의위원회에서 심의한 후 선도조치를 내립니다. 가해 학생은 심각성, 지속성, 고의성, 반성 정도, 화해 정도에 따라 1호부터 9호까지 서면 사과, 학교 봉사, 출석 정지, 전학 등의 조치가, 학교폭력 피해 학생에게는 심리 상담, 일시보호, 학급 교체 등의 조치가 이루어집니다.

아이가 이러한 폭력의 가해자라면 사과해야 할 부분에 대해서는 바로 사과하고, 피해자라면 제대로 된 사과를 받고 용서하는 과정이 필요합니다. 필요하면 전문가의 도움을 받는 것이 좋습니다. 어떤 상황에서든 부모와 교사가 아이의 든든한 지원군이 되어야 합니다. 지속적인 대화와 협력을 통해 아이가 갈등을 성장의 기회로 삼을 수 있도록 돕는 것이 가장 중요하겠지요.

ADHD 아이들의 친구 관계 문제 유형과 대응 방법

ADHD 아이들이 친구와 겪는 문제는 다양한 유형으로 나타나며, 이는 아이의 특성과 기질, 행동 패턴에 따라 크게 달라집니다. 예를 들어, 제 아이는 주의력 부족과 높은 충동성으로 원치 않는 친구에게 장난스러운 말이나 행동을 하여 갈등이 생기는 경우가 잦습니다. 또, 서로 주장이 강한 친구들과는 목소리가 커지며 다툼이 생기는 경우도 있습니다.

ADHD 아이들이 자주 겪는 친구 관계 문제를 세 가지 유형으로 나누어 살펴보겠습니다.

친구 관계 문제 유형 1. 충동적 행동으로 인한 갈등형

• 장난이 과해져 얼굴을 가까이 들이밀고, 놀리는 말을 해서 친구의 기분을 상하게 함

• 친구의 말을 끊거나 과도하게 자기 의견을 내세워 대화의 흐름을 방해함. 본인은 그저 재미있게 놀고자 했던 것인데 갈등으로 번질 수 있음

부모의 대응 방법

행동의 결과 설명하기 : 아이의 행동이 친구에게 어떤 영향을 주었는지 구체적으로 이야기합니다. "너는 장난이라고 생각했지만 친구는 너무 세게 밀려서 놀랐을 거야."

즉각적인 사과 습관화 : 갈등 상황에서 사과의 중요성을 알려주고, 적시에 실천하도록 가르칩니다. 제 아이도 즉각적인 사과 덕분에 친구들과 관계

를 빠르게 회복하곤 합니다.

대체 행동 제시 : 사과를 하더라도 다시 같은 장난을 반복하기 쉽습니다. 그러니 아이의 행동을 대체할 수 있는 방법을 알려주세요. "얼굴을 들이밀지 말고 한 발짝 떨어져서 '같이 놀래?' 하고 물어보는 게 어떨까?"

이렇게 상황별로 적절한 대처 방법을 알려주어 갈등 상황을 줄여나가도록 합니다.

친구 관계 문제 유형 2. 주의력 부족으로 인한 소외형

• 놀이 규칙을 잊어버리거나, 대화 중 흐름을 놓치면서 친구들과 호흡이 맞지 않음

• 산만한 행동으로 인해 친구들이 불편함을 느끼고 거리를 두는 경우 발생

부모의 대응 방법

귀담아 듣기 : 집에서 형제자매, 친척, 혹은 놀이터에서 친구들과 놀이하기 전 간단히 규칙을 귀담아듣고 정확하게 이해했는지 확인합니다.

소규모 관계 형성 : 많은 친구들과 어울리기보다 1~2명과 깊이 있는 관계를 형성하도록 환경을 만들어줍니다.

칭찬과 긍정적 강화 : 친구들과 잘 어울린 경험을 칭찬하며, 긍정적인 행동을 지속할 수 있도록 자신감을 북돋아줍니다.

친구 관계 문제 유형 3. 고집과 강한 주장으로 인한 대립형

• 놀이에서 자신의 의견을 고집하여 친구들과의 의견 충돌이 잦음

• 친구들이 아이를 자기중심적으로 느끼며 거리감을 두는 경우도 있음

• 심한 경우 친구들에게 신체적, 언어적 폭력을 통해 자기 주장을 관철하려고 함

부모의 대응 방법

감정 공감과 조절 연습 : 아이의 분노를 공감하며, 화가 날 때 감정을 표현하는 대체 행동(깊게 숨쉬기, 잠시 멈추기 등)을 연습시킵니다.

상대의 의견 듣고 나의 생각 표현하기 : 놀이 상황에서 상대방 입장을 이해하고, 자신의 주장을 부드럽게 전달하고 표현하는 연습을 합니다.

폭력 예방과 대체 행동 지도 : 분노를 폭력으로 표현하지 않도록 가정에서 일관된 규칙을 설정하고, 대신 사용할 수 있는 표현 방법(선생님께 말하기 등)을 알려줍니다.

학습

1. 요즘 학교는 어떻게 가르칠까요?

2. 1학년은 학습 태도가 더 중요합니다

3. 자기주도학습의 첫걸음은 가정에서

4. 매일 자신과 씨름하는 우리 아이

요즘 학교는 어떻게 가르칠까요?

초등학교 입학을 앞두고 산만한 아이를 둔 부모는 걱정이 많습니다. 아이가 새로운 친구들과 잘 지낼 수 있을지, 수업시간에 집중할 수 있을지, 선생님 말씀을 잘 들을지, 걱정이 산더미입니다. 무엇보다 '공부가 뒤처지면 어떡하지?' 하는 걱정이 큽니다. 그래서 입학일이 다가올수록 한글을 떼지 못했거나, 엉덩이를 붙이고 앉아있기 어려워하는 아이를 보면 부모의 조급함이 커지게 됩니다.

그러나 학습에 대해서는 크게 염려하지 않아도 됩니다. 요즘 초등학교 1학년은 학습량이 적고, 앉아서 칠판을 바라보는 수업 비중도 높지 않습니다. 물론 교실이라는 공간에서 개인 책상에 앉아 진행하는 수업이 기본이긴 하지만, 2022년 개정 교육과정에 따라 창의적 체험활동의 비중이 크게 늘어났습니다. 일어서서 놀이하거나 자르고 붙이며 만드는 시간이 많으며, 특히 입학 초기 적응 활동 시수가 새로 편성되어 자연스럽게 학교생활에 적응하고 수업 태도를 기르도록 설계되어 있습니다.

2022년 개정 교육과정에서 가장 달라진 점 중 하나는 문해력 교육 시수가 34시간 증가했다는 것입니다. 기초 문해력을 강화하기 위해 국어 시간에는 한글 자모(ㄱ, ㄴ, ㄷ 등)를 시작으로 어휘력 학습이 점진적으로 진행됩니다. 수학의 경우에도 '모으기와 가르기' 같이 셈하기의 기초부터 배워서 이해하기 쉽습니다.

학교는 재미있는 곳 : 수업 방식의 변화

산만한 제 아이는 학교를 좋아합니다. 친구들과 이야기하고 뛰어노는 시간이 무척 즐겁다고 합니다. 그래서 집에 오면 아이는 제게 학교생활을 설명하기 바쁩니다. 1교시부터 점심시간을 지나 5교시까지의 일과를 설명하는 아이의 눈에는 즐거움과 호기심이 가득합니다. 한시도 가만히 있지 못하는 날쌘돌이가 어떻게 40분 동안 수업에 참여할 수 있을까 싶기도 합니다.

ADHD 아이들을 포함하여 아동의 평균 주의지속 시간(Attention Span)은 10~20분 이내입니다. 40분 수업의 절반도 되지 않죠. 그런데도 아이들이 수업에 집중할 수 있는 이유는 1학년 수업이 재미있기 때문입니다. 초등 1학년은 학습보다는 '학교생활 적응'에 중점을 두고 절기나 계절에 맞는 창의적 체험활동이나 오감을 자극하는 놀이 수업, 체육 활동 등 활동 중심 수업이 큰 비중을 차지하는데, 연구에 따르면 ADHD 아이들은 다양한 신체 활동과 창의적 활동을 통해 더 나은 학습 효과를 얻을 수 있습니다. 신체 활동은 ADHD 아이들의 과잉 에너지를 발산함으로써 정적인 학습 활동에 참여할 수 있는 환경을 만들어주며 산만한 우리 아이의 뇌에도 좋은 영향을 줍니다. 즉 초등 1학년의 활동 중심 수업은 ADHD 아이들의 호기심을 자극하고 동기를 부여하며, 끈기와 만족감을 높여주는 데 최고의 수업 방식입니다. 학교가 재밌다는 아이의 말이 진심이었던 겁니다.

학습 준비는 아이의 성향에 따라

17년 차 현직 교사가 쓴 《두근두근 초등 1학년 입학 준비》(빅피시)에서는 학습 자체보다는 아이의 기질에 맞춘 한글 학습의 중요성을 강조합니다. 특히 아이의 기질에 따라 한글 학습 수준을 100% 기준으로 구체적으로 제시한 점이 인상 깊었습니다. 예를 들어, 소극적이고 자신감이 부족한 아이의 경우 학교 적응을 위해 입학 전에 한글을 약 70% 이상 익히는 것을 권장하지만, 활발하고 대화에 적극적인 아이는 자음과 모음을 구별하고 소리 값을 아는 수준인 30% 정도만 되어도 큰 무리가 없다고 합니다.

그러니 만약 아이가 과잉행동형 ADHD라면 한글을 완벽히 익힌 후에 학교에 입학하지 않아도 괜찮습니다. 제 아이도 과잉행동형 ADHD인데 학습 욕구도 있는 편이고, 유치원에서 한글 자모를 익히고 받아쓰기 연습을 한 덕분에 한글을 익히고 학교에 입학했습니다. 덕분에 수업에 빨리 적응했지만 한글은 이미 다 아는 거라며 학교 수업에 흥미를 잃고 산만한 모습을 보였습니다. 그래서 외려 학교생활 처음부터 학습에 대한 흥미를 잃지 않도록 집에서 학교에서 새로 배운 한글 낱말을 10칸 노트에 적거나, 그림책에서 스스로 마음에 와닿는 문구를 찾아 필사하도록 하여 관심을 잃지 않도록 노력해야 했습니다.

반대로 아이가 주의력 결핍형 ADHD라면 일정 수준 이상으로 한글을 익히고 받아쓰기 연습도 충분히 한 후에 학교에 입학하는 것이 좋습니다. 그래야 자신감을 잃지 않고 수업의 흐름을 잘 따라갈 수 있을 것입니다. 이렇게 아이의 성향에 따라 학습에 대한 접근 방식과 준비를 조절해주면 학교 수업에 대한 재미가 더 커질 수 있습니다.

부족해도, 실수해도 괜찮아요

입학 전 아이의 ADHD 증상 때문에 걱정이 드는 것은 당연합니다. 하지만 아이를 보호하기 위해 더 철저히 준비하는 것이 오히려 학교 적응에 독이 될 수 있습니다. 모든 것이 준비된 환경에서는 스스로 문제를 해결하고, 새로운 방법을 찾아내는 경험을 할 수 없기 때문입니다.

입학 직전, 아이의 ADHD를 알게 된 저는 관점을 살짝 바꿔서 생각하기로 했습니다. 산만한 우리 아이의 부족함을 인정하고, 이것을 성장의 기회로 삼기도 마음먹었습니다.

특별한 우리 아이들은 욕구에 대한 즉각적인 만족을 추구하는 경향이 있어, 오히려 적당한 결핍은 자신을 절제하고 조절하는 데 도움이 됩니다. 그러니 아이들이 준비물을 스스로 챙기지 못해 한두 가지가 부족한 상태로 학교에 가더라도, 그 과정에서 스스로 생각하고 성장할 기회를 얻는다고 생각해보는 건 어떨까요?

유명한 심리학자 에이브러햄 매슬로(Abraham Maslow)는 '결핍은 성장의 원동력이 된다.'라고 했습니다. 즉 적당한 결핍은 오히려 아이들이 창의적으로 문제를 해결하고, 더 많은 것을 배우기 위해 노력할 수 있도록 도와줍니다.

실수로 얻는 커다란 능력, 회복탄력성

ADHD 아이들은 충동적이고 산만한 행동으로 인해 실수를 자주 합니다.

꾸지람을 듣거나 친구들로부터 안 좋은 소리를 듣기도 하지요. 이때 중요한 것은 이러한 실수를 통해 배우고 성장할 수 있도록 돕는 것입니다. 실수는 누구나 할 수 있으며, 완벽한 사람은 없으니까요. 그리고 그러한 경험을 통해 넘어져도 다시 도전하는 '회복탄력성'을 기를 수 있습니다.

회복탄력성은 스트레스와 역경을 극복하고 다시 일어설 수 있는 능력으로, 자기 통제나 조절이 어려운 ADHD 아이에게는 부모나 교사의 도움이 없이는 가지기 어려운 능력이기도 합니다. 그만큼 주변 어른의 도움이 필요합니다.

회복탄력성을 높이는 방법에는 '긍정적 피드백, 정서적 안정감, 모델링'이 있습니다. 아이에게 긍정적인 피드백을 주고, 정서적으로 안정감을 느낄 수 있도록 지지하며, 긍정적인 태도로 어려움을 이겨내는 모습을 보여주는 것이 중요합니다. 실수나 실패의 경험 앞에서 부정적으로 반응하거나 꾸짖으면 아이가 스스로 다시 일어설 기회를 빼앗는 것과 같습니다.

부모가 걱정과 불안으로 가득한 눈으로 아이를 바라보면 아이는 어떤 마음이 들까요? 당연히 위축되고 자신감을 잃을 것입니다. 아이에게 초1은 처음입니다. 처음은 누구나 서툴기 마련입니다. 그러니 학교생활에서 완벽을 추구하기보다는 이 시기를 아이가 성장할 기회로 삼으세요.

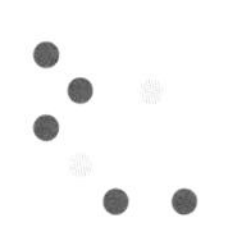

1학년은 학습 태도가 더 중요합니다

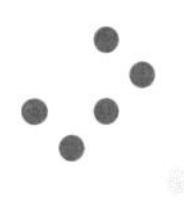

집중력은 있는데, 주의력은 없다?

“저희 아이는 집중력은 좋아요.”라는 말은 부모님이 ADHD 아이를 표현할 때 자주 하는 말 중 하나입니다. 아이들이 스스로 흥미를 느끼는 주제에 대해서는 잘 몰입하므로 집중력이 있다고 표현하는 것이죠. 그런데 학습을 잘하려면 ‘주의력, 조절력, 집중력’ 이 세 가지가 복합적으로 작용해야 합니다. 학교에서는 다양한 활동과 과제가 주어지기 때문에, 관심이 적은 일에도 집중할 수 있는 주의력과 조절능력이 필수입니다.

한 가지 과제에 몰입하는 능력인 ‘집중력’과 달리 ‘주의력’이라는 개념을 기억할 필요가 있습니다. ‘주의력’은 외부 자극에 반응하며, 여러 자극 중에서 특정 자극을 선택하고 유지하는 능력입니다. 특히 1학년 때는 선생님을 바라보고 선생님 말씀을 주의 깊게 듣는 ‘공동 주의력’이 필요합니다.

초등학교 1학년은 아직 어려서 주의력이 부족하기 쉬운데다가, ADHD 아이들은 특히 과잉행동, 충동성과 더불어 주의력이 약한 경우가 많습니다. 이렇게 주의력이 부족하면 쉬는 시간이 끝나고도 교실로 돌아오지 않거나, 선생님의 지시에 반응하지 않는 경우가 많습니다. 받아쓰기를 할 때 선생님의 말씀을 들으며 1번부터 차례대로 답을 써내려가는 것이나, 주변이 시끄러워도 해야 할 숙제를 하는 것 모두 '주의력'이 있어야 가능합니다.

주의력뿐만 아니라 입학을 앞둔 ADHD 아이들에게 특히 중요한 학습 태도는 '조절력'입니다. ADHD 아이들은 '긴장'과 '이완'이라는 심리적, 신경적 조절을 특히 어려워합니다. 이임숙 박사의 《4~7세보다 중요한 시기는 없습니다》(카시오페아)에서는 '자기 조절력 없이는 공부도 없다'라고 강조합니다. 이임숙 박사에 따르면 '조절력은 목표 달성을 위해 스스로 과제를 설정하고, 외부에서 발생하는 방해요인을 극복하고, 자신의 정서와 동기를 조절해 행동하는 능력'입니다. ADHD 아이들은 특히나 감정이나 생각을 조절하기 어려워하며, 이에 따라 충동적인 말과 행동이 나오기도 합니다. 그만큼 조절력은 ADHD 아이들의 학습 능력을 저하하는 가장 결정적인 이유라고 볼 수 있습니다.

수업 중 하고 싶은 말이나 행동을 불쑥 하는 것도, 하고 싶은 일이나 갖고 싶은 것 때문에 지금 당장 해야 할 일을 놓치는 경우도, 모두 조절력이 부족해서 생기는 문제입니다. 떠오르는 생각이나 당장의 감정을 조절하지 못하는 것은 학습에도 좋지 않은 영향을 줍니다.

앉아있기만 해도 반은 성공이다?

'가만히 앉아있기만 해도 반은 간다.'라는 말이 있습니다. 그런데 ADHD 아이들에게는 그저 앉아있는 것조차 훈련이 필요할 때가 많습니다. 그러나 더 중요한 것은 눈에 보이는 행동보다 눈에 보이지 않는 뇌의 기능을 키우는 것입니다.

제 아이는 다섯 살 때, 친구를 따라 학습지 방문 수업을 시작했습니다. 아이 스스로 국어, 영어, 수학, 세 과목을 선택했고, 처음부터 학습에 흥미를 보이면서 단계가 올라갈 때마다 성취감을 느끼며 열심히 했습니다. 적어도 그때, 저는 아이가 공부에 소질이 있고, 잘한다고 생각했습니다.

그런데 어느 날, 아이 옆에 앉아 공부하는 모습을 지켜보았는데 지금까지의 제 생각이 착각이었다는 걸 알았습니다. 아이는 수학 문제를 풀다가 갑자기 영어로 넘어가고, 가장 싫어하는 국어는 반 장만 풀고 다시 수학으로 넘어갔습니다. 처음에는 아이가 문제를 빨리 풀기 위해 꾀를 부린다고만 생각했습니다. 하지만 신윤미 교수의 책 《ADHD 우리 아이, 어떻게 키워야 할까》(웅진지식하우스)에서 비슷한 사례를 보고 아차 싶었습니다. 저희 아이처럼 한 과제를 쉽게 지루해하고, 이를 피하려고 다른 과제로 옮겨가는 특징이 ADHD 아이들에게 흔히 나타나는 전형적인 행동 패턴이라는 점을 알게 되었죠.

그렇다면 이러한 행동은 주의력의 문제일까요? 아니면 조절력 또는 집중력의 문제일까요? 이는 사실 주의력, 조절력, 집중력 문제가 복합적으로 작용한 행동이라고 할 수 있습니다. 한 가지 과제에 집중해 마무리한 후에 다음 과제로 넘어가는 능력에는 지속주의력이 필요합니다. 그러나 ADHD 아이들은 흥미가 떨어지면 곧바로 다른 활동으로 넘어가버리는 경우가 많습니다. 겉보기에는 한자리에 앉아 집중해서 공부하는 것처럼 보이지만, 실제로는 깊이 몰입하지 못한 채 표면적인 집중에 그치는 것입니다. 또한, 지루함이나 충동을 이기지 못하고 다른 과목으로 넘어가버리며 자기 통제를 하는 데 어려움을 겪습니다.

제 아이가 문제를 푸는 것을 가만 보았더니, 문제를 위에서부터 순차대로 푸는 것이 아니라 1번 문제에서 5번으로, 그리고 9번에서 다시 2번으로 넘어왔습니다. 각 문제는 3+9와 3+8, 7+6과 7+7과 같이 문제 간 연관성이 있어서 문제를 쉽게 풀려는 것이었지만, 이처럼 문제 푸는 순서를 무작위로 바꾸거나 같은 유형의 문제를 모아서 푸는 특징은 주의력과 조절력의 문제입니다. 순서와 규칙이 있음에도 불구하고, 덜 지루하거나 쉬운 문제로 우선 접근하고자 한 것입니다.

학습은 장기전입니다. 장기전을 하기 위해 기초 체력이 더 중요한 것처럼 ADHD 아이들에게는 특히나 학습 태도가 더 중요합니다. 학습은 마라톤과 같아서, 꾸준히 기초 체력을 키워나가는 과정이 중요하기 때문입니다. 그러면 가정에서는 학습 태도를 형성하기 위해 어떤 연습을 해나가면 좋을까요?

ADHD 아이들의 학습 문제

- 몸을 가만히 두지 못하고 자꾸 물을 마시러 나와요
- 학습지 선생님 앞에서도 수업을 방해하는 말을 해요
- 한 과목에 집중하지 못하고 다른 과목으로 옮겨가요
- 문제를 순차대로 풀지 않고, 건너뛰며 풀어요
- 연산 문제를 다 풀고 검산하지 않고 덮어요
- 문제와 보기를 건성으로 읽고, 답만 찾아내려 해요
- 답을 찾기는 하는데 글의 내용을 물어보면 몰라요
- 문제나 보기에서 단어를 마음대로 해석해서 풀어요
- 긴 문제는 끝까지 읽거나 듣기 어려워서 틀린 답을 내요
- 문제를 앞장이나 초반만 풀고 뒷부분은 풀지 못해요

저학년 때는 시각적, 청각적 자극에 주의력이 쉽게 분산된다면 고학년이 될수록 긴 지문을 읽어야 하거나 오랜 시간 학습해야 할 때 실수가 늘어납니다. 지속적 집중이 어려워서이지요. 주의력을 높이려면 평소 아이가 집중할 수 있는 시간을 파악하고 이를 점차 늘려나가는 게 좋습니다. ADHD 아이들의 학습은 무조건 양보다 질입니다. 단, 여기에서 중요한 점은 아이가 좋아하는 것에 관심을 가지는 시간이 아니라 아이의 호불호와는 상관 없이 해야 할 일을 얼마나 오래 집중하여 할 수 있느냐입니다.

학습 태도를 형성하는 데 가장 효과적인 방법이 '자기효능감'을 높이는 것입니다. 자기효능감은 작은 성공의 경험이 쌓여 커집니다. 아이가 주어진 시간 안에 해낼 수 있는 작은 과제를 주고 성공 경험을 쌓아나가면 '내가 이정도는 잘 할 수 있지!'라는 자신감이 생겨서 점차 조금씩 어려운 과제에 도전할 힘이 생깁니다.

학습 태도 훈련 1. 10분 타이머 채우기

보통의 경우, 타이머를 사용하는 목적은 제한 시간 안에 문제를 풀기 위함입니다. 그러나 ADHD 아이들에게 타이머는 반대의 개념으로 접근하는 게 좋습니다. 즉 10분 동안 해당 과제에 주의를 기울이는 태도를 훈련하는 목적으로 사용하는 겁니다. '10분'이라는 시간이 다 지나갈 때까지 한 장의 문제를 풀고 검산까지 마쳐야 한다는 제한을 둡니다. '속도'보다 '정확성'이 더 중요하다는 사실을 설명해주면 좋습니다.

문제의 난이도와 아이의 역량을 고려해야겠지만, 오답이 발생하면 타이머를 다시 설정하고 처음부터 풀도록 지도합니다. 여기서 중요한 것은 오답의 발생보다는 문제를 건성으로 읽지 않고 순차대로 푸는 것입니다. 자칫 정답을 맞히기 위해 문제를 건너뛰고 풀 수 있기 때문입니다. 이렇게 타이머를 설정하고 문제를 풀다 보면 아이들은 문제의 난도가 낮아도 문제를 차분히 짚어나가는 법을 배우고, 타이머가 울리면 이를 성공 경험으로 받아들이게 됩니다.

학습 태도 훈련 2. 영수증 계산 놀이

처음에는 아이들에게 경제 관념을 길러주기 위해 시작했던 영수증 계산 놀이가 학습 태도 훈련에도 큰 도움이 되었습니다. 놀이 방식은 간단합니다. 마트에서 쇼핑을 하고 돌아온 후 영수증을 펼쳐 가족 구성원이 구매한 품목과 금액을 분류합니다. 예를 들어 제가 "아빠 티셔츠 57,000원, 바지 79,000원, 동생 원피스 70,000원."이라고 금액을 불러주면 아이는 스케치북에 구성원별로 기록합니다. 이후 계산기로 금액을 더한 뒤 최종 합을 스케치북에 적고, 아이와 함께 검산하며 맞추는 연습을 합니다.

이 놀이를 통해 아이는 경제 감각뿐 아니라 잘 듣고 기록하는 연습과 정확하게 계산기를 사용하는 방법을 배웠습니다. 또한, 영수증 계산 놀이가 재미있고 자신감이 생겼는지, 쇼핑 중에도 스스로 영수증을 챙기며 뿌듯해 하는 모습을 보였습니다. 단순한 놀이지만 돈의 단위를 생각하며 계산하는 과정에서 주의력, 조절력, 집중력을 기를 수 있는 좋은 방법입니다.

ADHD 아이들의 학습 관련 어려움 중 하나는 작업기억 용량이 부족하기 때문입니다. 따라서 이런 일상 속 작은 연습은 학습의 기반을 다지는 데 효과적입니다.

학습 태도 훈련 3. 그림책 소리 내어 읽기

ADHD 아이들은 주의력이 부족해 문장을 읽을 때 조사를 빠뜨리거나 어미를 바꿔 읽는 경우가 많습니다. 특히 한국어는 조사 하나만 달라져도 문장의 의미가 크게 변하기 때문에 정확히 읽지 않는 습관은 문해력에 큰 영향을 미칠 수 있습니다. 국어뿐만 아니라 수학을 포함한 다른 과목에서도 문제와 보기를 정확히 읽고 이해해야 하기 때문에 '정확히 읽기'는 학습의 중요한 요건입니다.

ADHD 아이들의 문해력을 높이는 데 효과적인 방법으로 '그림책 소리 내어 읽기'를 추천합니다. 먼저 아이가 좋아하는 그림책을 선택하게 하세요. 첫날에는 부모가 그림책을 읽어주며 "오늘은 엄마가 이야기를 들려줄게. 잘 듣고 내일부터는 네가 읽어줘."라고 미리 알려줍니다. 그림책을 읽어줄 때는 설명글은 또박또박, 대화글은 인물의 감정을 살려 읽어주세요. 부모의 목소리 톤과 억양은 아이가 책 읽기를 흥미롭게 받아들이는 데 큰 영향을 미칩니다.

다음 날부터는 아이가 책을 소리 내어 읽도록 합니다. 천천히, 더듬더듬 읽더라도 정확히 읽는 연습을 반복합니다. 이 과정에서 아이가 답답해할 수 있으니 "주인공의 마음은 어땠을까?"와 같은 질문을 던지며 아이가 생각을 표현할 기회를 주는 것도 좋습니다. ADHD 아이들에게는 다양한 책을 읽는 것도 중요하지만, 무엇보다 한 권의 책을 자신의 것으로 완전히 소화하며 읽는 경험이 필요합니다. 그러니 한 권을 세 번 이상 반복해서 읽도록 합니다.

한 권의 책을 능숙하게 읽게 되었다면, 가족 앞에서 작은 낭독회를 열어 보세요. 온 가족이 둘러앉아 아이의 낭독을 듣고 손뼉을 쳐주는 거예요. 낭독 후에는 아이가 좋아하는 음식을 먹으러 가며 성취감을 높여주세요. 이런 경험은 아이에게 책 읽기에 대한 자신감을 심어주고, 긍정적인 기억으로 남게 됩니다.

"페달은 결국 네가 밟는 거야."

자전거 선수인 아이의 아빠가 아이에게 자전거 타는 법을 가르칠 때 한 말입니다. 자전거 바퀴의 공기압을 맞추고 체인을 점검하는 것은 부모가 도와줄 수 있지만, 결국 자전거를 타고 균형을 잡으며 앞으로 나아가는 것은 아이 본인의 몫이라는 뜻입니다. 학습도 이와 비슷합니다.

부모가 다양한 활동과 놀이를 통해 주의력, 조절력, 집중력을 기르는 훈련을 도울 수 있지만 결국 아이 스스로 해내야 합니다.

'태도'는 단순히 학습 내용을 익히는 '인지'의 영역과는 다릅니다. 인지적 학습은 특정 내용을 배우고 기억하는 데 중점을 두지만, 학습 태도는 단순히 학습 상황에만 필요한 기술이 아니라, 사회성과 연관되기 때문에 익히는 데 시간이 걸립니다. 그러므로 긴 호흡으로 아이의 옆에서 지켜보고 이끌어주어야 합니다.

자전거를 처음 배울 때를 떠올려보세요. 처음에는 쉽게 넘어지고, 두려움이 생기기도 하지만, 점차 스스로 균형을 잡고 나아가는 법을 익히게 됩니다. 학습 태도를 익히는 과정도 이와 같습니다. 누구에게나 처음은 어렵다는 사실을 기억하면서, 아이와 함께 한 발 한 발 나아가는 연습을 해 보세요. 뒤에서 잡아주지 않아도, 스스로 균형을 잡고 앞으로 나아가는 날이 분명히 올 것이라 기대하는 마음이면 충분합니다.

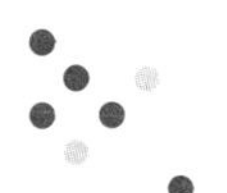

자기주도학습의 첫걸음은 가정에서

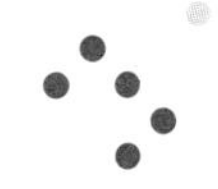

"스스로 공부하는 아이로 자라났으면 좋겠어요."

많은 부모들이 바라는 이상적인 아이의 모습입니다. 자기주도학습은 말 그대로 아이 스스로 학습 전반을 계획하고 실행하는 학습 방식입니다. 요즘 자기주도학습이라는 말이 '학습의 기본'처럼 회자되곤 하지만, 자기주도학습은 사실 초등학교 입학을 앞둔 시기나 저학년 시기에는 아이 스스로 의지를 불태워서 할 수 있는 영역이 아닙니다.

학년이 올라간다고 해도 우리나라처럼 학습의 많은 부분을 학원과 과외에 의존하는 현실 속에서 자기주도학습은 상위 1%에게나 가능한 일처럼 느껴질 때가 많습니다. 그러니 '공부' 그 자체가 큰 산처럼 느껴질 수 있는 ADHD 아이들에게 자기주도학습이란 더욱 높은 벽일 수 밖에 없습니다.

그런데 왜 당장 한글과 수가 문제인 초1 전후를 대상으로 한 이 책에서 자기주도학습을 언급하냐고요? 자기주도학습은 2022 개정 교육과정의 핵

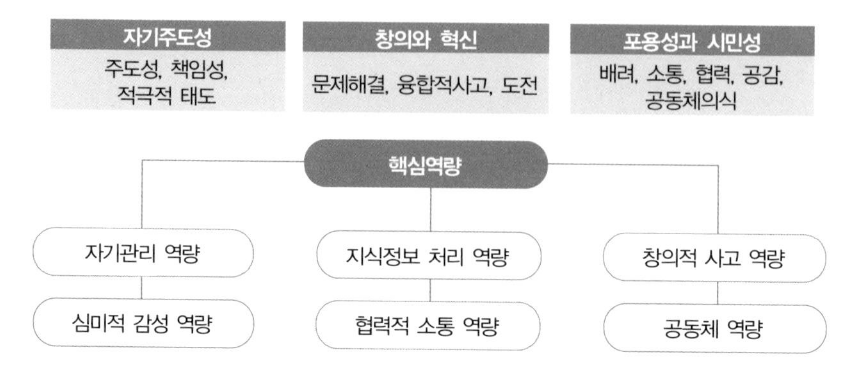

출처 : 2022년 개정 초등학교 교육과정 (교육부)

심으로, 장기적인 관점에서 봤을 때 현재 초등학교 1학년이 된 아이들이 초등학교 고학년이 되기 전에 그 밑받침을 닦는 과정을 거쳐야 천천히 길러지는 역량이기 때문입니다.

신경학 전문의 장원웅 박사의 책 《우리 아이 독특한 행동, 특별한 뇌》(전나무숲)에 따르면, 학습은 뇌 발달 피라미드에서 가장 꼭대기 층에 해당하는 초고차원의 능력입니다. 피라미드의 아랫부분이 충분히 발달하지 않고서는 도달할 수 없는 뇌 기능의 영역이죠. 지난 장에서 다룬 주의력이나 조절력을 충분히 연습하고 나서야 학습, 더 나아가 자기주도학습이 가능해집니다.

따라서 갓 학교에 입학한 초등 저학년생에게 "넌 앞으로 스스로 공부해야 하니까 얼른 책 펴고 앉아!"라고 말하는 것은 이제 기어다니는 아이에게 100m 전방을 향해 달리라고 명령하는 것과 다름없습니다. 특히 ADHD

뇌 발달 피라미드

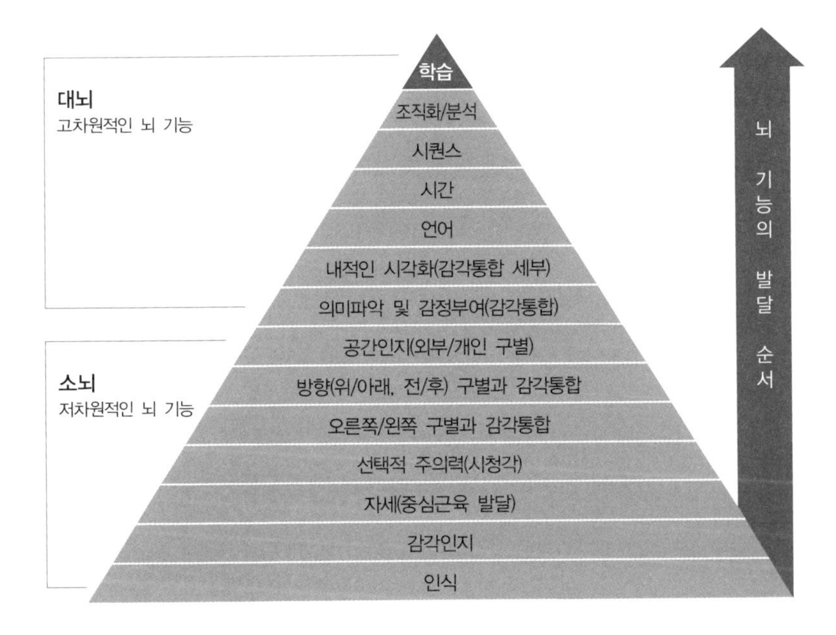

출처 : 《우리 아이 독특한 행동, 특별한 뇌》(장원웅, 전나무숲)

아이들에게는 이러한 요구가 더욱 부담으로 다가올 수 있습니다. ADHD 아이들에게 발달이 느린 전두엽은 뇌 발달 과정에서 가장 마지막에 발달하는 고차원적인 영역이기 때문입니다.

그러니 초등 저학년 때에는 자기주도학습에 대해 큰 욕심을 내지 않는 게 좋습니다. 그냥 공부에 대한 흥미를 잃지 않고 스스로 공부를 하는 동기가 생길 수 있도록 환경만 조성해주세요. 자기주도학습은 마치 가랑비에 옷이 젖듯 천천히, 그리고 자연스럽게 아이에게 스며들 수 있도록 도와주는 것만으로도 충분합니다.

자기주도학습과 실행기능

자기주도학습은 스스로 학습 목표를 세우고 실천하는 것이므로 실행기능이 요구됩니다. 실행기능(Executive Function)은 목표 지향적인 행동을 계획하고 실행하는 데 필요한 고차원적인 인지능력입니다. 그런데 ADHD가 있는 아이들은 전두엽 발달이 느리므로 실행기능에 어려움을 겪는 경우가 많습니다. 계획을 세우고 이를 따라가는 과정이 매우 어렵고, 외부 자극에 민감하게 반응하거나, 때로는 자극을 통제하지 못하지요.

어느 날 ADHD를 가진 아이가 항상 사용하던 빨간 콩주머니 대신, 무겁고 큰 노란 공으로 던지고 받기 연습을 하게 되었다고 가정해봅시다. 아이

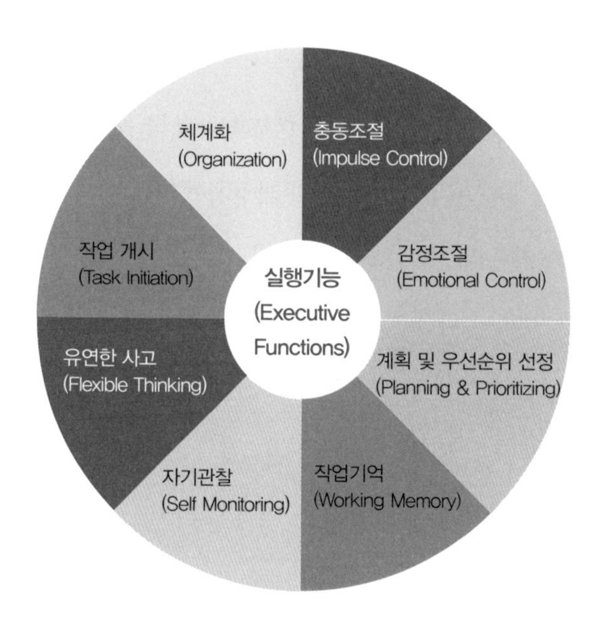

는 이 새로운 공을 어떻게 받아들일까요? "이 공 이상해, 나 안 할래." 하며 새로운 외부 자극에 불편함을 느끼고 포기하기 쉽습니다. 성공을 경험하려면 어려워도 시도하고 적응해 나가야 하는데 말이죠.

학습 상황에서도 마찬가지입니다. 학년이 올라갈수록 학습 내용의 난도가 올라가고 양도 늘어나는데 ADHD 아이들은 새로운 개념이나 어려운 문제가 나오면 당황하며 포기하기 쉽습니다. 결과적으로 학습에 대한 흥미와 이해도가 떨어지고, 집중력마저 흐트러지면서 산만함이 증가할 수 있습니다. 적절한 치료를 하지 않았을 경우 학업성취도가 떨어지는 이유가 바로 이것 때문입니다.

그렇다면 ADHD를 가진 아이들은 학습을 포기해야만 하는 걸까요? 자기주도학습이라는 목표는 그저 꿈에 불과할까요? 절대 그렇지 않습니다. ADHD 아이들은 그들만의 독특한 재능을 가지고 있으며, 다듬어지지 않은 보석 같은 가능성을 지니고 있습니다. 이 가능성이 빛을 발하려면 아이의 성향을 잘 이해하고 그에 따른 학습 환경을 마련해야 합니다.

ADHD 아이들이 자기주도학습을 하는 데 있어서 가장 중요한 두 가지는 바로 메타인지와 흥미입니다. 이 두 가지 요소를 잘 잡는다면, 우리 아이들은 자기주도학습의 문을 여는 황금 열쇠를 쥐게 될 것입니다.

자기주도학습 키워드 1. 메타인지 : 스스로를 돌아보는 힘

ADHD 아이들은 '모터가 달린 것 같다'라는 표현을 자주 듣습니다. 그만큼 앞만 보고 달려나가기 일쑤입니다. 하지만 때로는 달려온 길이나, 달리는 스스로의 모습을 돌아보는 것도 중요합니다. 여기에서 알아야 하는 개념이 바로 '메타인지'입니다. 자기주도학습에서 가장 중요한 첫 번째 요소로 자기 생각과 행동을 돌아보고 분석하며 조절할 수 있는 '자기 인식 능력'을 뜻합니다. 학습에 있어서 메타인지는 자신이 어떤 부분에서 부족한지, 무엇을 어떻게 개선해야 할지를 스스로 깨닫는 힘입니다.

ADHD 아이들은 대부분 즉각적인 자극에 쉽게 반응하므로 자신이 무엇을 잘하고 부족한지 인식하기 어려워하는 경우가 많습니다. 하지만 우리 아이들에게도 메타인지를 길러줄 수 있습니다. 오히려 ADHD 아이들이 가진 강한 집념 덕분에 놀라울 정도의 시너지가 발휘되기도 합니다.

예를 들어 아이가 받아쓰기에서 70점을 맞았다면 틀린 이유를 스스로 파악하게 해 보세요. 맞힌 문제가 아니라 틀린 문제에 집중하는 것이 가장 쉽게 학습의 메타인지를 기르는 방법입니다. 이때 중요한 점은 절대 점수에 대해 지적하지 않는 것입니다. 부모가 먼저 "이 문제는 어떻게 답을 써야 했을까?" 하고 아이에게 직접 답을 찾는 기회를 제공하면 아이는 실패를 받아들이는 관점이 변합니다. "시험 문제가 이상해."에서 "내가 이 부분에서 왜 실수했을까? 앞으로 어떻게 풀어야 할까?"라는 질문을 스스로 던질 수 있게 됩니다.

단, 아이의 주의력이 부족하다는 점을 고려하여 초등 저학년에게는 답을 쉽게 찾을 수 있도록 해주는 것이 좋습니다. 예를 들어 받아쓰기에서 틀린 부분을 교과서에서 찾아 보여주는 것처럼요. 별거 아닌 방법이지만 아이의 메타인지를 길러주는 초석이 될 수 있습니다.

자기주도학습 키워드 2. 흥미 : 자발적으로 하는 학습의 원동력

자기주도학습을 이끄는 두 번째 중요한 요소는 바로 '흥미'입니다. 아무리 학습 능력을 향상하고 싶어도 아이가 흥미를 느끼지 못하면 자발적으로 나아가려는 동기 자체가 부족하게 됩니다. ADHD 아이들에게 흥미는 도파민과 같은 역할을 해주는 중요한 요소입니다.

이임숙 박사의 《4~7세보다 중요한 시기는 없습니다》(카시오페아)에서는 17살에 자동차를 만든 재현이의 사례가 등장합니다. 자동차에 과몰입하여 학교 공부에는 도통 흥미를 붙이지 못한 재현이는 수업시간에도 참지 못하고 칠판 앞으로 튀어나가 자동차를 그립니다. 속이 답답할 노릇이었겠지만 부모님은 아이의 열정을 응원해주었고, 진짜 자동차를 만들려면 공부도 필요하다는 사실을 알려주었습니다.

"만들고 싶어서, 좋아서 만들면 자동차처럼 성과가 나타나듯이, 공부도 그렇게 시작하니까 엄청나게 성적이 올라가더라고요."라는 재현이의 말처럼 학습도 흥미로부터 시작할 때 배우려는 마음이 생기고 학습 결과에도 긍정적인 영향을 줍니다.

ADHD 아이들의 특별한 재능을 활용하여 좋은 시너지를 내려면 부모의 세심한 도움이 필요합니다. 과몰입 대상과 관련한 경험을 확장하는 것은 ADHD 아이들을 위한 맞춤형 학습 방법이나 마찬가지입니다. 가령 고양이에 과몰입한 아이에게는 고양잇과 동물에 관한 정보가 가득한 책을 선물로 주어 독서를 유도한다거나, 고양이를 치료하는 수의사가 되는 방법을 알려주어 목표를 세우게 한다거나, 고양이를 돌보는 캣맘과 관련한 기사를 보여주어 사회 문제에 관심을 갖게 하는 등 아이의 관심사를 다양한 영역으로 넓힐 수 있는 기회를 만들어주는 거지요.

못 오를 산은 없습니다

ADHD 아이에게 학습이라는 산은 단순한 언덕이 아닙니다. 그 자체가 도전이자 용기를 시험하는 산입니다. 자기주도학습은 더 높은 봉우리로, 멀리서 보면 그 끝이 보이지 않을 만큼 까마득해 보일 수 있습니다. 그러나 아무리 높은 산도 한 걸음 한 걸음, 천천히 올라가다 보면 어느새 정상에 가까워집니다.

부모의 역할은 아이가 힘들어할 때 옆에서 응원해주고, 때로는 손을 잡아주는 것입니다. 그 손을 잡고 함께 걸어가되, 아이를 업고 산을 오를 수는 없겠지요. 그 길은 아이가 스스로 오르며 경험하고 성장해야 하기 때문입니다. ADHD 아이들은 새로운 길을 만드는 능력과 독창적인 시각을 지니고 있습니다. 그렇기에 아이들이 정상에 도달했을 때, 남들이 경험하지 못한 특별한 풍경과 감동을 전해줄 겁니다.

그러니 더 믿어주세요. 우리 아이는 결국 스스로 산을 정복해나갈 것이며, 그 과정에서 자신만의 빛나는 재능을 발견하게 될 것입니다. 산이 높고 험해도, 우리 아이의 가능성은 그보다 더 크고 위대하다는 걸 마음 깊이 기억해주세요.

실행능력을 기를 수 있는 몸 놀이

감각통합전문가

개구리 점프·토끼 점프

원마커를 따라 한 번에 한 칸씩 개구리 점프와 토끼 점프로 이동해요.

제자리 멀리뛰기

❶ 서서 팔을 앞뒤로 흔드는 동시에 무릎을 굽혔다 펴며 뛸 준비를 해요.
❷ 앞에 있는 선을 보고 최대한 멀리 폴짝 뛰어요.

이동하며 점프하기

훌라후프 한 칸마다 어떤 점프를 해야 하는지 순서대로 세 가지 동작을 말해주고 훌라후프를 이동하며 그 동작을 수행해요.

사방치기

숫자 칸에 콩주머니를 던지고, 콩주머니가 있는 칸은 밟지 않고 숫자 순서대로 한 발 점프, 양발 벌려 점프, 뒤로 돌면서 점프를 하며 이동해요.

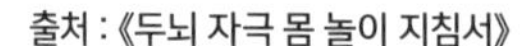
출처 : 《두뇌 자극 몸 놀이 지침서》

매일 자신과 씨름하는 우리 아이

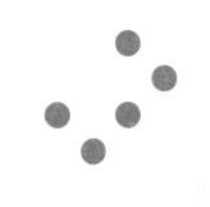

ADHD 아이들이 교실에서 겪는 일상의 순간을 상상해보세요. 학습은 물론 친구들과의 관계에서도 자신이 부족하다고 느낄 때가 많을 겁니다. 수업 중 불쑥 관련 없는 말을 하거나 준비물이 없어 허둥대고, 주변의 자극에 쉽게 반응해 선생님이나 친구에게 지적을 받는 순간들은 아이에게 매일 반복되는 힘겨운 씨름과도 같습니다. 학교는 성장과 배움의 공간이지만, ADHD 아이들에겐 그 속에서 감당해야 할 또 다른 도전이 많습니다. 그런데도 아이들은 매일 자신과의 싸움을 통해 조금씩 성장해 나갑니다.

부모로서 이러한 모습을 지켜볼 때, 아이의 부족함을 채우려는 조급함보다는 따뜻한 응원의 말로 아이의 장점을 살리고, 조금씩 성장할 수 있는 환경을 마련해주는 것이 중요합니다. 가정과 학교라는 두 공간에서 아이가 작은 성공을 경험하며 자신을 극복하는 기회를 얻게 한다면, 어제보다 더 나은 자신을 받아들이고 내일의 도전에 한 걸음 더 가까워질 것입니다.

비교가 아닌 작은 발견이 아이를 반짝이게 합니다

"나도 노력하고 있단 말이에요."

칭찬보다는 지적을 더 자주 듣게 되는 ADHD 아이들은 하루하루 위축되기 쉽습니다. 장난스러운 모습으로 자신을 무장하는 것처럼 보이지만, 마음 한편에는 깊은 생각이 자리 잡고 있을지 모릅니다. '난 동생보다 단추도 못 채우고, 옷도 자꾸 뒤집어 입어…. 나는 왜 이렇게 서툴까.' 혹은 '학교에서도 종이접기를 제대로 못 해서 항상 친구가 도와줘…. 나는 언제쯤 혼자서 다 잘 해낼 수 있을까.'

이처럼 아이들이 매일 맞서는 것은 단순한 학습의 어려움이 아니라 자신의 부족함에 대한 자각에서 오는 불안과 고민입니다. ADHD 아이들은 의외로 자신의 부족함을 누구보다 잘 느끼며, 이를 극복하려는 노력도 하고 있습니다. 우리 아이들이 자존감을 낮추는 생각에 사로잡히지 않도록, 비록 작은 성취일지라도 그 노력과 성장의 과정을 진심으로 인정해주면 좋겠습니다.

교실에서도 친구들보다 작업 속도가 느리거나 집중이 떨어지는 순간이 자주 찾아옵니다. 종종 자리를 뜨고 싶은 마음이 강하게 일어나고, 과제 하나를 마무리하는 데에도 많은 인내와 노력이 필요합니다. 그 과정에서 아이들은 자신의 한계를 느끼고, 다른 친구들처럼 해내고 싶은 마음에 속상해할 때가 많습니다.

그러니 부모는 다음과 같이 아이를 대해주세요.

첫 번째로, 아이의 노력을 발견하고 인정해주세요. 예를 들어, 아침에 아이 스스로 학교 가방을 챙기고 문을 나설 때 이렇게 말해주세요.

"늦지 않게 등교하려고 노력하는 게 너무 기특해. 엄마는 노력하고 있는 너의 모습이 가장 멋지단다. 사랑해."

아이에게 부모의 인정은 이 세상 그 무엇보다 큰 힘이 됩니다. 가정에서 든든한 응원을 받은 아이는 어딜 가든 당당하고 자신감 있게 어깨를 펼 수 있다는 사실을 기억해주세요.

두 번째, 학습에서 아이의 장점을 발견하세요. 한 과목에서 성취도가 낮더라도 특정 과제에서 높은 집중력을 발휘하거나, 색다른 시각으로 문제를 해결하는 모습을 보게 된다면 그 순간을 기억하고 칭찬해주세요. 자존감은 자신을 제대로 아는 것에서부터 시작합니다. 그러니 아이가 자신의 장점을 느끼고, 그 장점을 바탕으로 더 성장할 수 있도록 지지를 전해주셔야 합니다.

마음속의 빛, 서로를 향해

ADHD 아이들은 누구보다 찬란하게 빛날 수 있는 특별한 원석과 같은 존재입니다. 치료 과정에서 호전과 악화가 반복될지라도 부모님은 "아이가 원하는 자신의 모습은 무엇인가?"라는 근본적인 질문을 잊지 않으셨으면 합니다. 학습에서 겪는 어려움이 매일 아이를 찾아온다고 하더라도, 아이의 마음속 빛이 흐려지지 않도록 따뜻한 품으로 아이를 안아주세요. 학습 능력을 키우기 이전에 아이의 마음이 안정되고, 스스로 신뢰를 쌓아갈 수 있도록 기다려주는 것이 우선이어야 합니다.

"엄마! 수학시험 백 점 맞았어요! 붕어빵 사주세요!"

손이 꽁꽁 얼 만큼 유난히 추웠던 어느 날, 아이가 20개의 동그라미가 가득 그려진 시험지를 흔들며 신나게 달려왔습니다. 얼굴에는 코피가 묻어있는 채로요. 알고 보니 친구들과 술래잡기하다 한눈을 파는 바람에 철봉에 부딪혀 코피가 났던 거였습니다.

엄마의 걱정 어린 눈빛에도 아랑곳없이 해맑은 아이는 엄마의 손을 꼭 잡고 춥지 않냐며 손등에 입을 맞춰주었습니다. 시험 점수보다는 아이의 따뜻한 마음에 눈물이 나 고개를 살짝 숙이고는 붕어빵을 사러 갔습니다.

아이에게 필요한 것은 얌전히 40분간 앉아있는 훈련도, 선행 학습도 아니라 너는 잘할 수 있다는 믿음을 전하고 곁을 지켜주는 것이었습니다. ADHD 아이들의 학습 과정은 부모와 아이가 함께 만들어가는 것입니다. 아이가 지닌 무한한 잠재력을 끌어내는 열쇠는 다름 아닌 부모의 믿음뿐입니다.

매일 자신과 씨름하면서도 조금씩 나아가는 아이의 모습을 보며 '우리 아이는 오늘도 잘 성장하고 있어.'라며 긍정적인 마음을 품으세요. 그리고 마음속 빛이 찬란하게 빛나는 아이의 모습을 상상해보세요. 그때까지 다른 어떤 것에도 흔들리지 않고 오로지 서로를 바라보며, 길을 함께 걸어 나가길 진심으로 기원합니다.

3부

특별한 내 아이를 돕는 방법

집에서 실천하기 좋은 7가지 기술

"나는 세상에 하나뿐인 특별한 존재야."

집에서 실천하기 좋은 7가지 기술

1. 대화의 기술 - 효과적인 소통의 첫걸음
2. 표현의 기술 - 자기표현을 자연스럽게 끌어내기
3. 훈육의 기술 - 과잉행동을 차분히 다스리는 법
4. 칭찬의 기술 - 긍정 행동을 강화하는 방법
5. 보상의 기술 - 동기를 높이는 진짜 보상하기
6. 사회성 기술 - 원만한 상호관계 유지하기
7. 습관의 기술 - 새로운 습관을 만드는 시간

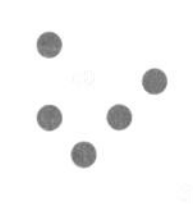

대화의 기술
- 효과적인 소통의 첫걸음

초등학교 입학을 앞둔 부모들은 주로 아이의 학업과 수업 태도를 걱정하지만, 사실 그보다 더 중요한 것이 있습니다. 바로 대화 스킬입니다. ADHD 아이들은 충동적이고 산만하여 친구나 교사의 말을 주의 깊게 듣고 차분히 말하기가 어렵습니다. 잘 듣고, 자기 생각을 잘 말할 줄 아는 능력은 세상과 소통하는 데 필수입니다. 그래서 초등학교라는 새로운 세상에 나아가기 전, 대화 스킬을 기르는 것이 매우 중요합니다.

아이가 상대의 말을 끝까지 경청하고 대화를 잘 나누는 능력을 기르기 위해 가정에서 실천할 수 있는 몇 가지 방법을 알려드립니다.

듣기 기술 1. **말 차례 주고받기**

ADHD 아이들은 언어적 충동성이 있어서 상대방의 말이 끝나기 전에 끼어들거나, 바로 반응할 때가 많습니다. 그래서 무례하다는 느낌을 주곤 하지요. 적절하게 말을 주고받는 기술(Turn-taking)은 또래와 관계를 유지하고 대화를 지속하는 데 매우 중요한 역할을 합니다. 형제자매나 부모는 말 차례 주고받기를 연습할 수 있는 최고의 상대이니 다음에 소개하는 세 가지 방법을 집에서 꾸준히 실천해보세요.

☑ **규칙 정하기 :** 아이와 함께 말하기 규칙을 세워 실천해보세요. '가족 구성원이 서로 대화를 나누거나 말을 하고 있을 때는 상대방의 말 방해하지 않기'와 같은 규칙을 정하고, 부모님도 이 규칙을 지키며 모범을 보이세요. 아이가 다른 사람의 말에 끼어들지 않고 끝까지 들었다면, 칭찬의 말이나 스티커와 같은 보상을 통해 긍정적인 강화 효과를 주는 것도 좋습니다.

☑ **손 들고 기다리기 :** 형제자매가 있을 때는 서로 먼저 말을 하려고 다툼이 벌어지기도 합니다. 그럴 때는 '손들고 기다리기'를 약속으로 정하고 순차적으로 발언권을 주세요. 발언권을 줄 때는 시각적인 신호를 함께 주는 것이 좋습니다. 서로 말하고 싶어 엉덩이를 들썩거리겠지만, 손을 들고 기다리면 순서가 오기 때문에 끼어들고 싶은 충동을 가라앉힐 수 있습니다. 아이들에게는 이 기다림이 마치 게임처럼 느껴지기도 합니다.

☑ **경청 카드 활용하기 :** 경청 카드를 만들어 게임처럼 활용하는 것도 좋은 방법입니다. 예를 들어 엄마와 아이 둘이 대화를 한다면 엄마가 말을

시작할 때 경청 카드를 아이에게 주세요. 그리고 말을 다 마쳤을 때 카드를 내려놓으라고 수신호를 줍니다. 이러한 시각적인 신호를 통해 아이는 대화에서 말의 시작과 끝을 명확히 인지할 수 있고, 차례를 기다리며 경청하는 연습을 할 수 있습니다.

듣기 기술 2. **바꾸어 들려주기**

ADHD 아이들은 감정이나 생각을 과장하거나 강하게 표현하는 경향이 있습니다. 감정조절이 어렵고 쉽게 좌절하는 성향을 가지고 있기 때문이죠. 이럴 때 부모가 아이의 감정이나 생각을 중립적인 언어로 바꾸어 표현해주면 감정을 표현하는 방법을 익히는 데 큰 도움이 됩니다.

☑ **감정 바꾸어 들려주기** : 예를 들어 아이가 "아, 짜증 나!"라고 말하면 이를 "동생이 네 물건을 함부로 만져서 기분이 좋지 않구나?"라고 바꾸어 말해줍니다. 이렇게 상황을 묘사하고 감정을 세분화하여 말로 들려주면 아이는 자신의 감정을 좀 더 명확히 인식할 수 있고, 즉각적인 반응을 표출하기 보다는 '이런 내 감정이 왜 생겼을까?'를 이해하는 데 집중할 수 있습니다.

☑ **생각 바꾸어 들려주기** : 아이가 "난 아무것도 못 해."라고 말하면 "네가 오늘 실수를 해서 속상했구나. 하지만 너는 줄넘기도 잘하고, 받아쓰기

도 잘하는걸." 하고 아이가 가진 강점으로 바꾸어 들려주세요. 아이가 부정적인 사고 패턴에서 벗어나는 데 효과적인 방법입니다.

이렇게 일상에서 왜곡된 생각이나 불분명한 감정을 정확하게 인지하고 표현하는 연습은 아이가 자신의 감정과 생각을 더 명확히 이해하고 그것을 바르게 표현할 수 있도록 도와줍니다.

ADHD는 유전적 영향을 받기에 부모님도 아이와 유사한 어려움을 겪는 경우가 많습니다. 그러니 아이가 경청 훈련을 하는 동안 부모 역시 스스로 경청 능력을 강화하려는 노력이 필요합니다. 부모와 아이가 함께 '바꾸어 말하기'를 연습해보세요. 서로 대화를 많이, 자주 나눌수록 효과가 커집니다.

듣기 기술 3. 한 가지 주제로 이야기하기

ADHD 아이들은 산만하여 대화를 나눌 때 주제를 유지하는 데 어려움이 있습니다. 그러니 평소 가정에서 주제 대화 시간을 정한 후, 대화의 주제를 한 가지씩 정해서 이야기를 나누세요. 이때 대화 주제에서 벗어나지 않게 방향을 잡아주면 한 가지 사물, 사건, 개념 등에 대해서도 사람마다 다른 의견과 감정이 있음을 알게 됩니다. 주제는 가족 구성원이 돌아가며 고르세요. 그러면 대화에 참여할 때 훨씬 흥미를 느낄 수 있습니다.

☑ **상대방이 말한 중요한 정보 기억하기** : ADHD 아이들은 부주의함으로 인해 들은 정보가 쉽게 흩어집니다. 그러니 한 가지 주제로 이야기를 할 때 다른 가족이 말한 중요한 정보를 들은 대로 따라 말하여 확인하는 기회를 가져보세요. 가령 '감'을 주제로 이야기했다면 아빠는 '감을 먹고 체한 기억이 있어서 감을 싫어한다'라고 했지만, 엄마는 '제일 좋아하는 과일이 감'이라고 말한 사실을 기억하고 말하는 것입니다. 한 가지 주제 이야기하기가 끝난 후 이렇게 중요한 정보를 기억하여 말하는 과정을 게임처럼 이어 하면 자연스레 상대의 관심사와 이야기 맥락을 파악하려고 노력하게 됩니다.

대화 기술 1. **부모와 함께 대화 기술 익히기**

대화 기술을 익히는 가장 좋은 방법은 매일 10분씩이라도 대화하는 시간을 가지는 것입니다. 꾸준히 대화를 나누면 아이의 언어 능력과 사회성이 크게 향상될 수 있습니다.

저는 아이와 발달센터를 오가는 차 안에서 학교생활, 친구 관계, 역사, 태권도, 여행, 게임, 영화 등 다양한 주제로 이야기를 나눕니다. 주제는 매번 바뀌지만, 다음 두 가지를 유념하면서 대화의 핵심 패턴을 일관되게 유지하고 있습니다.

☑ **짧고 구체적인 질문으로 대화하기** : ADHD 아이들은 오랜 시간 집중이

어렵고 한번에 많은 정보를 처리하기 어려우므로 긴 대화를 끌고 가기 어렵습니다. 그러니 대화할 때는 짧고 구체적으로 질문하는 것이 효과적입니다. 예를 들어 "오늘 학교에서 어땠어?"보다는 "오늘 쉬는 시간에 뭐 했어?", "오늘 체육 시간에는 뭐 했어?"처럼 구체적이고 간단한 질문을 던지는 것입니다. 이렇게 하면 아이가 질문의 핵심에 집중할 수 있고, 답도 쉽게 할 수 있습니다. 훈육을 할 때도 긴 문장으로 설명하듯이 말하기보다는 짧고 간결하게 말하고, 중간중간 '자', '다음은'과 같이 집중을 도와주는 말을 넣는 게 좋습니다.

☑ **충분한 반응 시간을 주고 긍정적인 피드백하기 :** ADHD 아이들은 생각을 정리하고 말로 표현하는 데 시간이 걸릴 수 있습니다. 그러니 대화할 때 아이가 바로 답하지 않더라도 재촉하지 말고, 충분한 시간을 주어야 합니다. 어떤 대화를 나누고, 어떤 결론에 이르렀는지보다 중요한 것은 아이 스스로 생각을 정리하는 과정입니다. 이 시간은 아이의 사고력을 기르는 데 도움이 되어 자발적으로 사고하고 표현하는 능력을 키워줍니다. 아이가 생각을 정리하고 말로 표현하는 데 시간이 걸리는 것은 자연스러운 일입니다. 예를 들어, 아이가 "오늘은 왜 화가 났어?"라는 질문에 바로 답하지 못한다고 해도 부모는 기다려줘야 합니다. 아이가 스스로 감정을 인식하고, 그 감정을 말로 표현하는 연습을 하는 과정이기 때문입니다.

또한, 아이가 대답하면 "잘 생각했구나!" 혹은 "그렇게 말하니 좋네!"처럼 긍정적인 피드백을 주세요. 아이가 올바르게 답변했을 때만 칭찬하는 것이 아니라, 답을 하려고 노력한 것 자체에 대해 격려하는 것입니다. 이런 피드백은 아이의 자신감을 높이고, 다음 대화에서도 위축되지 않고 편안하게 말할 수 있게 도와줍니다.

때때로 자기중심적으로 행동하는 아이에게 모진 말을 쏟아내고 싶을 수도 있지만 대화도 연습이 필요하다는 것을 잊지 마세요. 부모와 어떤 대화를 나누느냐에 따라 아이의 감정과 생각이 성장하는 속도가 달라집니다.

대화 기술 2. **친구와 대화하는 요령 익히기**

매일 부모와 대화를 하며 대화에 자신감이 생겼다면 친구와 대화할 때 사용하면 좋은 몇 가지 요령을 알려주세요.

☑ **주제를 바꾸는 방법 익히기 :** 친구와 이야기를 하다가 다른 주제의 이야기가 생각나서 말하고 싶을 때는 "이 이야기 끝나고 할 말 있어.", "이건 조금 다른 이야기인데."라고 얘기하라고 일러주세요. 이런 식으로 대화의 주제를 자연스럽게 바꾸거나 확장하는 방법을 알려주면 아이가 친구의 말을 기다렸다가 자신이 하고 싶은 이야기를 할 수 있어 대화의 흐름을 자연스럽게 이어나갈 수 있습니다.

☑ **말의 의도 이해하기 :** ADHD 아이들은 대화를 나누는 동안 상대가 말한 특정 단어를 공격으로 받아들이고 크게 흥분하거나 분노할 수 있습니다. 말의 의도를 제대로 파악하지 못해서 생긴 오해로 친구와 다툼을 벌일 수도 있지요. 이렇게 과잉 반응을 보여 문제가 생겼을 경우, 아이와 그때 상황을 떠올려 대화하는 시간을 가져야 합니다. 아이가 상황을 잘 떠올리지 못할 수도 있으니 상황을 짧게 쪼개어 구체적으로 말할 수 있게 유도해주세요. 그리고 어떤 말을 공격적으로 받아들이는지 파악하고 그 말의 의도를 정확하게 풀어서 설명해주세요. 무엇보다 평소 아이와 대화를 자주 나누며 아이의 반응을 관찰하는 게 좋습니다.

☑ **가벼운 대화 감각 익히기 :** 속담이나 유머, 은유적 표현처럼 말에 담긴 함축적인 의미를 파악하는 것은 대화의 맥락에서 아주 중요합니다. 그런데 ADHD 아이들은 종종 '이 말이 지금 상황에 적절한가'를 판단하기 어려워합니다. 장난스러운 상황에서 진지한 말을 하거나, 진지한 상황에서 장난스럽게 표현하는 경우가 많지요. 아이들 사이에 진지한 이야기는 환영받지 못합니다. 그러니 그런 말은 부모에게 하는 게 좋다고 일러두고 대신 요즘 아이들 사이에 유행하는 말을 찾아 알려주거나 난센스 퀴즈 같은 재미있는 말놀이를 활용해 자연스럽게 대화 감각을 익히게 해주세요.

표현의 기술
- 자기표현을 자연스럽게 끌어내기

ADHD 아이들은 잘 듣는 것도 어려워하지만, 자기 생각이나 감정을 표현하는 것도 서툽니다. 머릿속에 복잡하게 엉킨 생각을 정리하여 말로 조리 있게 표현하기 어려워서 비논리적으로 두루뭉술하게 이야기할 때가 많지요. 그러한 조절의 어려움으로 크게 말하거나 빨리 말해서 부정적인 피드백을 받는 경험이 반복되면 표현에 소극적인 태도를 보일 수 있습니다.

그러니 평소 가정에서 상황과 맥락에 맞춰 자기표현을 하는 방법을 연습하는 것이 좋습니다.

표현 기술 1. **짧은 문장으로 자기표현하기**

ADHD 아이들은 평소 관심 있는 주제에 대해서는 말을 잘하는 것처럼 보이지만, 정작 자기표현을 할 때는 장황하게 정보를 쏟아내거나 두서없이 이야기해 상대방이 이해하기 어려워할 때가 많습니다. 특히 불안도가 높고 자존감이 낮은 경우에는 말문이 막혀 단어 하나 제대로 표현하지 못하기도 하지요.

이런 아이들에게는 한 문장으로 간단히 말하는 연습이 큰 도움이 됩니다. 감정을 간결하게 정리하여 말하는 연습을 통해 아이는 자기표현의 즐거움을 느끼게 되고 상대방도 아이의 뜻을 쉽게 이해할 수 있어 대화의 만족도가 높아지지요. 그런 과정을 통해 아이는 자신감과 소통능력을 기를 수 있습니다.

☑ **정확한 문장으로 표현하기 :** "어느 초등학교에 다니니?"라는 질문에 아이가 "OO초등학교…."라고 말끝을 흐린다면, 이는 아이의 불안감이 높거나 말하는 경험이 부족해서입니다. 이런 경우 "OO초등학교에 다닙니다."처럼 상대방이 말한 서술어까지 따라서 말하며 문장을 정확하게 끝맺는 연습을 도와주세요. 이 외에도 기본적인 인사나 다양한 자기 소개 표현도 한 문장씩 통째로 연습해두면 초등학교 1학년 생활 적응에 큰 도움이 됩니다.

☑ **좋아하거나 싫어하는 것 구체적으로 표현하기**

어떤 물건이나 활동에 대한 자기 생각을 표현하는 연습을 하게 해 보세요. 예를 들어 "콩나물국이 왜 맛있어?"라는 질문에 "그냥요."라고 대답한다면, "엄마는 국물이 따뜻해서 좋더라." "너는 콩나물이 아삭아삭해서 좋니?"라고 물으며 아이가 자신의 좋고 싫은 감정에 대한 이유를 간단하더라도 구체적으로 표현하는 기회를 주면 좋습니다.

☑ **스토리텔링 연습하기** : ADHD 아이들의 장점은 깊은 호기심과 끝없이 확장하는 상상력입니다. 아이에게 떠오르는 멋진 생각을 언어로 표현할 수 있도록 도와주세요. 시중에서 판매하는 이미지 카드를 활용해도 좋고 직접 그림을 그려서 카드 여러 장을 만들어도 좋습니다. 여러 장의 카드 중에 세 장을 무작위로 선택한 뒤, 연상되는 장면을 이어 이야기로 만들면 됩니다.

예를 들어 그림을 그리고 있는 여성, 들판에서 뛰어노는 아이들, 선물 상자가 그려진 세 장의 카드를 뽑았을 때 아이는 "아빠 생신날, 엄마가 아빠께 드릴 그림을 그렸어요. 온 가족이 함께 카페 뒤뜰에서 뛰어놀았고, 저녁엔 선물을 드리며 축하했어요."라며 멋진 이야기를 만들어냈습니다. 이러한 스토리텔링 연습은 아이의 창의력을 키우는 동시에 학습 능력과 의사소통 기술을 발전시키는 데 큰 도움이 됩니다.

표현 기술 2. **두괄식으로 말하기(결론부터 말하기)**

ADHD 아이는 부주의함으로 인해 한 가지 주제를 유지하여 대화하기 어려워합니다. 그러니 하고 싶은 말을 결론부터 말하는 것이 좋습니다. 예를 들어 친구에게 주말에 있었던 일을 설명할 때 "주말에 가족과 캠핑을 다녀왔어."라고 요약하여 말한 후에 캠핑에서 어떤 활동을 했는지 자세히 설명하는 식입니다. 이렇게 아이가 주제와 결론을 먼저 말하는 습관을 들이면, 상대방은 대화의 핵심을 더 쉽게 파악할 수 있고, 아이도 자연스럽게 불필요한 세부사항 묘사를 줄일 수 있습니다.

표현 기술 3. **목소리 크기의 기준 만들기**

ADHD 아이들은 목소리 크기를 상황에 맞게 조절하는 것을 어려워할 때가 많습니다. 공공장소에서는 작은 목소리로 이야기해야 하고 운동장에서는 큰 목소리로 이야기해야 들린다는 것을 인지하고 있지만 목소리 크기를 조절하는 자체가 어렵습니다. 따라서 평소 집에서 목소리 크기의 기준을 1부터 5까지 나누어 알려주고 연습하게 하세요.

1단계 도서관에서 소곤소곤 말하기

2단계 교실에서 친구와 부드럽게 말하기

3단계 집에서 가족과 도란도란 말하기

4단계 수업시간 발표할 때 또렷하게 말하기

5단계 운동장에서 응원할 때 크게 외치기

이렇게 각 상황에 맞게 목소리를 구분해두면, 아이가 어느 정도의 크기로 말해야 하는지 명확히 인지할 수 있습니다. 이 훈련은 학습뿐만 아니라 사회생활에서의 올바른 의사소통을 위해서도 중요하니 실생활에서도 상황에 맞게 목소리를 조절하여 말하는 연습을 해 보세요.

표현 기술 4. 가족이나 친구에게 편지 쓰기

아이들이 짧은 문장으로 자기 생각을 표현하는 훈련이 되었다면, 이제 글로도 표현해볼 차례입니다. 거창한 글쓰기가 아니어도 됩니다. 가족이나 친구의 생일을 맞아 간단한 카드나 편지를 쓰게 해 보세요. 이렇게 마음을 글로 표현하는 것도 감정 표현의 좋은 연습이 됩니다. 마음과 생각을 담은 편지는 어떤 글쓰기보다 아이의 기억에 오래 남습니다. 처음에는 어색하게 말하고 서툰 글을 쓰더라도 괜찮습니다. 중요한 것은 완성도보다 진솔하게 자기 마음을 표현하는 것입니다.

한 문장씩 말해보고, 상황에 맞는 목소리 크기로 친구와 대화하며, 짧은 편지를 쓰는 연습을 통해 아이는 자연스럽게 말과 글로 자신의 감정과 생각을 표현하는 능력을 키워나가게 될 것입니다.

훈육의 기술
- 과잉행동을 차분히 다스리는 법

ADHD 아이들은 TV나 게임처럼 몰입하던 활동이 중단되면 과잉행동을 보이기 쉽습니다. 학교나 마트, 도서관 등 때와 장소를 가리지 않는 과잉행동을 개선하려면 어떻게 해야 할까요? 행동 조절이 어려운 아이를 이해해 주면서도 사회 규범과 질서를 따르는 연습을 꾸준히 하여 타인에게 피해를 주지 않도록 가정에서의 훈육이 잘 이루어져야 합니다.

우리 집 사전규칙 정하기

ADHD 아이들에게 사전에 규칙을 설정하고 따르게 하는 것은 자기조절력을 기르는 데 효과적인 방법입니다. ADHD 아이들은 예측 가능한 상황에서 안정감을 느끼기 때문입니다. 부모와 함께 규칙을 정한 후 그 안에서 선택권을 줄 때 규칙을 잘 기억하고 지킬 수 있습니다.

훈육 사전규칙 1. 규칙은 단순하고 명확하게

규칙을 정할 때는 아이가 잘 이해할 수 있는 짧고 분명한 문장으로 설정하고, 반복적으로 상기시키는 것이 중요합니다. 다음 규칙을 참고하여 우리 가정에서만큼은 반드시 지켜야 할 규칙을 만들고 지키도록 합니다.

☑ **선물은 1년에 세 번, 정한 날에만 :** ADHD 아이는 눈앞에 장난감이 보이면 충동적으로 사달라고 떼를 쓰기 쉽습니다. 그러니 미리 생일, 어린이날, 크리스마스와 같이 1년에 서너 번만 선물을 받을 수 있다고 정해두세요. 무작정 장난감을 사달라고 요구하는 빈도를 줄일 수 있습니다.

☑ **TV는 숙제를 끝낸 후에 최대 1시간 :** TV 시청 시간을 정해두고, 특정한 행동(숙제 완료)을 먼저 하게 함으로써 행동 순서를 익히고 약속한 시간을 지키게 합니다.

☑ **식사를 끝내고 간식 먹기 :** 식사를 다 먹은 후에 간식을 먹을 수 있다는 규칙을 정해두면 불규칙한 식습관을 예방하고 충동적인 간식 요구를 줄일 수 있습니다.

훈육 사전규칙 2. 규칙은 긍정적인 언어로 설정하기

ADHD 아이들에게 규칙을 가르칠 때는 부정적인 표현보다는 긍정적인 표현을 사용하는 것이 훨씬 효과적입니다. 긍정적인 표현은 아이가 규칙을 쉽게 이해하고 받아들이도록 도울 뿐만 아니라, 자신감을 키우는 데도 큰 도움이 됩니다. 또한 규칙을 제한이 아니라 자연스럽고 당연한 행동으로 받아들일 수 있습니다.

- 장난감 여기저기 두지 마! → 놀이 후에는 장난감을 제자리에 놓자.
- 입 벌리고 먹지 마! → 음식을 씹을 땐 입을 다문 채 씹어보자.
- 손으로 먹지 마! → 숟가락과 젓가락을 사용해보자.
- 숙제 미루지 마! → 숙제를 미리 하면 여유롭게 쉴 수 있어.
- 책상에 엎드리지 마! → 책상에서는 바르게 앉아보자.
- 들락날락거리지 마! → 자리에서 일어나고 싶을 땐 1분만 참아보자.
- 바닥에 옷 두지 마! → 벗은 옷은 세탁 바구니에 넣자.
- 다리 떨지 마! → 다리를 바르게 두고 앉아보자.
- 나쁜 말은 쓰지 마! → 부드럽고 친절하게 말하자.
- 흥분해서 소리지르지 마! → 마음을 가라앉히고 목소리를 줄여보자.
- 울면서 떼쓰지 마! → 하고 싶은 걸 차분히 말해보자.

훈육 사전규칙 3. **행복한 가정을 만드는 10가지 생활 규칙**

규칙은 단순히 통제 수단이 아니라, 아이가 스스로 자신의 생활을 조율할 수 있는 가이드로 작용해야 합니다. 아이가 규칙을 잘 따랐다면 충분히 칭찬하여 성취감을 느낄 수 있도록 해주세요. 가정마다 부모와 아이가 함께 조율하는 과정이 필요하다는 점을 잊지 않기 바랍니다.

1. **게임/TV는 시간 정하기 :** 게임이나 TV는 하루 30분 또는 1시간만 하기로 정하세요. 종료 10분 전 남은 시간을 알려주어 시간의 흐름을 스스로 인지할 수 있도록 도와주면 좋습니다.
2. **하교 후 책가방 정리하기 :** 하교 후 물통은 설거지통에 넣고, 알림장과 숙제는 책상 위에 두게 합니다. 학교 다녀온 뒤 바로 정리하는 습관은 자기주도적인 생활 태도를 키워줍니다.
3. **정해진 시간에 숙제하기 :** 저녁 식사 후 정해진 시간에 학교 숙제부터 하게 합니다. "숙제를 먼저 하면, 남은 시간에 더 편하게 놀 수 있겠지?"라고 긍정적으로 동기를 부여하세요.
4. **외출 전 옷매무새 정돈하기 :** 외출 전 거울을 보고 옷깃, 양말, 머리 등 옷매무새를 정리하게 합니다. "단정하게 입으니 정말 멋지다!"와 같은 칭찬으로 자신감을 북돋아주세요.
5. **차 안 예절 지키기 :** 안전띠를 착용하고, 큰 소리로 장난치거나 자리에서 일어나지 않습니다. 차에서의 규칙은 모두를 위한 안전 수칙임을 알려주세요.
6. **외출 후 신발 정리하기 :** 외출 후 신발은 벽에 붙여 가지런히 정리하게 합니다. "신발을 정리하니 현관이 정말 깔끔하네!"라는 칭찬으로 좋은 습

관을 강화하세요.

7. 식사 전후 인사하기 : 식사 전에는 "잘 먹겠습니다.", 식사 후에는 "잘 먹었습니다."라고 인사합니다. 외식 때도 같은 인사말을 합니다.

8. 식기류 준비와 정리하기 : 식사 전 직접 식기류를 준비하고, 식사 후에는 그릇을 설거지통에 넣도록 하여 자연스럽게 식사 루틴을 만듭니다.

9. 집안일 가족과 함께하기 : 쓰레기 분리배출, 빨래 개기 등 간단한 집안일을 가족과 함께 나누어 합니다. 아이가 한 역할에 대해 칭찬하며 책임감을 키울 수 있도록 격려하세요.

10. 하루 15분 정리 타임 가지기 : 하루 15분간 정리 타임을 정하고 온 가족이 함께 공간을 정리합니다. 정리 전후 사진을 공유하며 성취감을 느끼도록 해주세요.

간결하게! 단호하게! 지시하기

제 아이는 함께 규칙을 정할 때는 잘 따르는 듯 보이지만, 과몰입 상태가 되면 방해받는다고 느껴서 규칙을 얘기해줘도 듣는 시늉도 하지 않았습니다. 그래서 훈육을 하면 감정적으로 반응하고 과잉행동을 보이며 부모와 대립하는 악순환이 발생하곤 했지요. 그럴수록 부모는 마음을 굳게 먹고, 지속해서 훈련해야 합니다. 훈육할 때는 어떻게 말하는 것이 좋을까요?

간,단,지시 1. 감정 개입하지 않기

ADHD 아이들이 충동성으로 과잉행동을 보일 때는 부모도 아이의 감정 읽기를 잠깐 멈추세요. 평소와는 다른 상황이기 때문입니다. 감정에 따른 훈육도 금물입니다. 이럴 때는 자신을 '훈육 로봇'이라고 생각하며 감정이 개입하지 않게 마음을 다잡고 훈육 상황에 임하는 것이 좋습니다.

간,단,지시 2. 간결하고 단호하게

떼를 쓰거나 장황한 설명으로 본인의 요구를 들어달라고 졸라도 이미 정한 규칙은 더는 조율할 필요가 없습니다. 이때 간단하고 단호하게 지시하는 것이 가장 중요합니다. 훈육 상황마다 '간단하게! 단호하게!'를 기억하면 도움이 될 겁니다. ADHD 아이들은 한 번 말해서는 잘 듣지 않기 때문에 길게 설명하기보다는 짧고 명확한 지시를 일관되게 반복해주세요.

간,단,지시 3. 한숨과 하소연 금지

행동을 즉시 수정할 때는 '길게 설명 금지', '한숨과 하소연 금지'라는 규칙을 자신에게 적용하세요. 부모도 감정적으로 격해지다 보면 분노의 늪에 빠지기 쉽기 때문입니다. 예를 들어, 차 안에서 동생과 놀다가 음료수를 흘렸다면 "아휴, 음료수를 들고 일어서면 어떡하니?"하고 질책하기보다는 "차 안에서는 일어서지 않아. 음료수 내려놓고 닦아."와 같이 간단히 규칙만 지시하세요.

짧은 박수나 '그만!'과 같이 아이의 행동을 멈추는 신호를 미리 정해두는 것도 좋습니다.

훈육 일관성 유지하기

평소에는 사랑스럽기 그지없는 아이지만 갑자기 돌변하여 거친 행동과 말을 보이면 부모지만 감당하기 벅차다고 느낄 수 있습니다. ADHD 아이를 키우는 엄마이기도 한 이사비나 선생님의 《우리 아이가 ADHD라고요?》(빈티지하우스)에서는 이러한 힘든 상황에서도 '하지 말라고 막는 것보다 일관성을 잃는 것이 더 해롭다'라고 강조합니다. 즉 아이에게 규칙을 지키게 하려면 부모가 일관된 태도로 안정감을 주고 긍정적인 강화를 지속해야 합니다. 일관되지 않은 훈육은 자칫 부부간에도 불필요한 갈등을 일으키니 훈육의 일관성을 잃지 않기를 바랍니다.

일관성 1. **규칙 반복하기**

아이가 지켜야 할 규칙을 꾸준히 반복해서 알려주세요. 예를 들어 '저녁 식사 전에는 간식 먹지 않기'라는 규칙을 정했다면 매일 반복적으로 설명해주면서 일관된 태도를 유지하세요. 규칙을 지키는 행동에는 칭찬과 같은 즉각적인 보상이 긍정적인 강화 효과를 줍니다.

일관성 2. 지키기 어려운 상황에도 규칙 고수하기

아이가 밖에서 충동적으로 떼를 쓰거나 규칙을 어긴다고 해도 일관된 태도를 보여야 합니다. 예를 들어 마트에서 장난감을 사달라고 떼를 쓰며 큰 소리를 지른다고 해도 "마트에서는 필요한 것만 사기로 했지?"라고 사전에 아이와 협의한 규칙을 일러주고, 그 규칙을 지키는 태도를 잃지 않고 차분하게 전달하세요. 이때 정한 규칙을 지키지 않는다면 어떤 결과가 뒤따를지 미리 알려주는 것도 도움이 됩니다.

일관성 3. 부모 간 일관된 태도 유지하기

부모가 아이에게 일관성을 보이려면 부부간 합의가 필수입니다. 부모가 서로 다른 기준을 적용하면 아이는 혼란을 느끼니까요. 예를 들어 아이가 휴대폰 사용 시간을 어겼을 때 두 부모가 같은 기준으로 "사용 시간이 지났으니 그만 사용하자."라고 반응해야 아이도 자연스럽게 규칙을 받아들이기 쉬워집니다.

가정에서 일관된 훈육을 받은 아이는 다양한 환경에서 스스로 행동을 조절하는 법을 익히게 됩니다. 학교에는 엄마가 없다는 사실을 기억한다면 더욱 일관성 있는 훈육을 할 수 있을 것입니다. 결국 아이 스스로 해내야 하는 일이니까요.

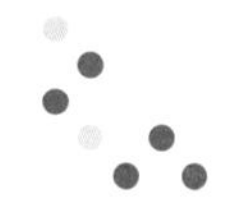

칭찬의 기술
- 긍정 행동을 강화하는 방법

"애들은 달래가면서 키워야 한다.", "칭찬은 고래도 춤추게 한다."라는 말, 참 자주 들었을 겁니다. 물론, 아이를 키울 때 사랑과 격려는 필수이지만 칭찬에도 기준이 필요합니다. 기준 없는 칭찬은 오히려 아이가 잘못된 방식으로 기대하게 하고, 부정적인 행동을 반복하게 할 수 있기 때문입니다.

그래서 칭찬은 분명한 기준을 지켜 올바른 행동에만 해야 합니다. 예를 들어 분명히 잘못한 행동을 두고도 "예전보다는 나아졌으니 괜찮아." 하고 넘어가면 아이는 그 행동이 허용된다고 느낄 수 있습니다. 또한, 훈육을 한 후에 안쓰러운 마음이 들어 아이를 칭찬하는 말을 덧붙이는 것은 절대 금물입니다. 그 칭찬은 오히려 '독이 되는 칭찬'으로 부정적인 행동을 반복하게 할 수 있습니다.

기준 있는 칭찬을 해야 합니다

ADHD 아이에게 칭찬은 단순히 아이를 기쁘게 하거나 사랑을 표현하기 위한 것이 아니라, 아이가 긍정적인 행동을 이해하고 이를 습관화하도록 돕는 중요한 도구입니다. 조건 없는 칭찬이 아니라 기준 있는 칭찬이 중요한 이유가 바로 여기에 있습니다. 아이의 좋은 행동을 강화하기 위해서는 칭찬의 목적을 분명히 하고, 잘한 행동에 대해 '약이 되는 칭찬'을 해야 합니다.

기준 있는 칭찬 1. **칭찬의 목적을 생각한다**

칭찬은 아이가 스스로 해내는 수행능력과 성공적인 경험을 늘리는 데 중요합니다. 그러니 칭찬을 제대로 하려면 칭찬의 목적이 무엇인지를 명확히 해야 합니다.

☑ 기준행동이 무엇인지 미리 생각하기

ADHD 아이들에게 칭찬의 목적은 일상적인 행동(기준행동)을 자연스럽게 수행하게 하고, 긍정적인 행동을 더 발전시키는 데 있습니다. 따라서 '동생을 때리지 않았다'라거나 '수업시간에 일어서지 않았다'와 같은 행동에 과도한 칭찬은 주의해야 합니다. 이와 같은 '제로(0)' 행동에 대해서는 가볍게 확인해주거나 응원하는 정도면 충분합니다. 물론 기준행동 자체를 수행하는 것이 매우 어려운 아이도 있습니다. 그러나 아이가 어려움을 느꼈던 일에서 진전을 보였을 때도 감정을 가득 담은 칭찬보다 담백한 격려가 효과적일 수 있습니다. 무엇보다 아이의 성향에 대한 이해를 바탕으로 칭찬 여부와 강도를 결정하는 것이 좋습니다.

☑ 목표 달성 여부에 따라 칭찬하기

부모가 보기에는 나아진 것 같아도 단지 그 이유만으로 칭찬하기보다는 아이가 목표한 행동을 완전히 달성했을 때 칭찬하는 기준을 세우세요. 예를 들어 아이가 숙제를 절반만 했다면 "절반이나 했구나!"라고 칭찬하기보다 "아직 해야 할 부분이 남았네. 다음엔 다 끝내보자."라고 약속한 목표를 안내해주세요.

기준 있는 칭찬 2. 마이너스 행동에는 칭찬하지 않는다

칭찬은 아이의 좋은 행동을 강화하는 데 목적이 있으므로, 부정적인 행동(마이너스 행동)을 달래기 위한 칭찬은 피해야 합니다. 부정적인 행동에는 감정을 확인해주는 정도로 대응하되, 아이가 자신의 행동을 잘못 인식하지 않도록 주의하세요. 잘못된 행동이 일부 개선되었더라도, 여전히 부적절한 행동을 보인다면 성급히 칭찬하는 것은 피해야 합니다. 예를 들어, 아이가 화가 나서 소리를 지르는 대신 씩씩대며 서있는 행동은 여전히 마이너스(−) 행동에 해당합니다. 이때 "그래도 잘 참았어."라고 칭찬하면 잘못된 행동을 긍정적으로 인식하게 할 수 있습니다. 그러니 잘못을 바로잡을 때는 잠시 칭찬을 보류하세요. 아이가 올바른 행동을 배우도록 칭찬은 신중히 해야 합니다.

기준 있는 칭찬 3. 플러스 행동에만 확실하게 칭찬한다

ADHD 아이들에게 칭찬은 단순히 잘했다고 알려주는 것 이상의 의미를 가집니다. 일상적인 행동이나 발달 단계에 맞는 기준행동을 과하게 칭찬하기보다는 아이가 기대를 뛰어넘어 보여준 긍정적인 행동(플러스 행동)에 칭찬을 집중하는 것이 중요합니다. 그래야 아이는 자신의 노력이 실제 성취로 이어졌다는 보람을 느끼고, 긍정적인 방향으로 성장하게 됩니다.

칭찬의 말은 '완료'보다는 '성장 포인트'에 집중해야 합니다. 아이가 평소보다 더 집중해서 정한 시간 안에 숙제를 마쳤을 때 "숙제 다 했네, 잘했어."라고 칭찬하는 것은 '완료'에 초점을 맞춘 것입니다. 이럴 땐 "이번엔 네가 스스로 계획하고 집중해서 숙제를 끝냈구나! 정말 대단해."라고 칭찬해 보세요. 아이의 자기주도성에 대한 구체적인 칭찬은 아이의 긍정 행동을 더 강화할 수 있습니다.

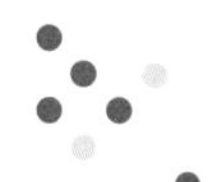

보상의 기술 - 동기를 높이는 진짜 보상하기

ADHD 아이를 키우는 부모라면 아이가 단기적인 목표에만 몰두하고 장기적인 목표에는 쉽게 흥미를 잃어버리는 상황을 종종 경험하실 겁니다. 충동적이고 산만한 특성 때문에 눈앞에 보이는 보상에만 강하게 반응하는 아이에게 어떤 보상을 어떻게 주어야 할지 고민이 되지요. 그렇다면, 아이가 긍정적인 행동을 지속하도록 동기를 부여하는 '진짜 보상'은 어떻게 해야 할까요?

ADHD 아이에게 효과적인 외재적 보상 방법

ADHD 아이들에게는 장기적인 목표보다 바로 성취할 수 있는 짧은 과제가 효과적입니다. 그때 주어지는 즉각적인 보상은 가장 달콤한 보상이 됩니다.

외재적 보상 1. **구체적인 과제에 즉각적인 보상을 주세요**

공부를 한다고 책상 앞에 앉았지만 팔다리를 가만히 두기 어려워하며 괜히 물을 마시러 나오거나, 거실에 있는 동생이 뭐 하고 있는지 기웃거리는 아이에게는 외적 보상이 효과적일 수 있습니다.

예를 들어 "10분 동안 바른 자세로 앉아 숙제를 하면 스티커를 줄게."라거나 "그림책을 소리 내어 한 권 읽으면 원하는 간식을 줄게."와 같이 구체적인 목표를 설정해보세요. 이처럼 즉각 달성이 가능한 목표와 명확한 보상은 아이가 과제를 더 즐겁게 수행하도록 돕고, 다음 목표에 대한 동기를 부여합니다. 중요한 점은 보상을 통해 아이가 작은 성공의 기쁨을 느끼고, 이를 반복하며 긍정적인 행동이 습관으로 자리잡도록 유도하는 것입니다.

외재적 보상 2. **지연 만족에 더 큰 보상 주기**

ADHD 아이들은 즉각적인 보상을 선호하지만, 지연된 보상이 더 큰 만족으로 이어질 수 있다는 점을 알려줘야 합니다. 즉 과제를 달성할 때마다 작은 보상을 주는 대신, 이를 모아 더 큰 보상을 주는 방식은 아이에게 성취감을 두 배로 느끼게 해줍니다.

예를 들어 스티커를 10장 모으면 아이가 원하는 물건이나 활동으로 교환할 수 있게 해 보세요. 제 아이의 경우, 포켓몬 띠부씰이 큰 동기부여가 되었습니다. 이런 방식은 아이가 목표를 이루는 재미를 느끼게 하고, 노력의 가치를 깨닫도록 돕습니다. 더불어 자기조절능력도 키울 수 있습니다.

ADHD 아이에게 효과적인 내재적 보상 방법

ADHD 아이들은 외적 보상에 즉각적으로 반응하지만, 스스로 성취감을 느끼며 성장하는 내재적 동기를 키우는 것도 매우 중요합니다. 내재적 보상은 아이가 노력을 통해 얻는 결과에 대해 자부심과 만족감을 스스로 느끼도록 도와주는 방법입니다. 말로 하는 칭찬이나 즉각적인 보상 외에도 여러 가지 방법으로 아이의 내적 동기를 키울 수 있는데, 아이가 긍정적인 행동과 성장을 내면화할 수 있도록 다양한 접근을 시도해보세요.

내재적 보상 1. 자기주도적인 선택 기회를 주세요

ADHD 아이들은 충동적이거나 산만해 보이는 특성 때문에 종종 부모와 교사들이 행동을 통제하려고 하기 쉽습니다. 그러나 사실 ADHD 아이들 중에는 주도적인 성향을 지닌 아이가 많습니다. ADHD 아이의 이런 강점을 개발해주기 위해, 작은 선택을 스스로 하는 기회를 주는 것이 중요합니다.

☑ 오늘 해야 할 과제가 여러 가지 있을 때

해야 할 과제가 여럿이라면 그 순서를 아이가 직접 정하게 해 보세요. "오늘 해야 할 숙제가 영어, 수학, 그리고 국어인데, 어떤 순서로 할래?" 하고 물어보고 아이가 스스로 계획을 세우도록 하는 겁니다. 아이가 직접 결정한 순서대로 과제를 마쳤을 때 "네가 스스로 순서를 정하고 끝까지 해냈구나! 멋지다!"라고 칭찬해주면 아이는 자신의 선택과 계획이 성과로 이어졌다는 뿌듯함을 느낄 겁니다.

☑ 일주일의 목표를 아이와 함께 세워보기

"이번 주에는 네가 해내고 싶은 목표를 하나 정해보자."라고 제안해보세요. 제 아이는 '일주일 안에 줄넘기 이중 뛰기 1개 성공하기'를 목표로 삼았고, 몇 달 후에는 목표를 스스로 늘려서 이중 뛰기를 50개까지 해냈습니다. 이처럼 ADHD 아이도 내면의 힘을 발휘하여 예상치 못한 목표를 달성할 수 있습니다. 그리고 이렇게 스스로 목표를 정하고 자신의 성취를 확인하는 과정을 통해 아이는 점차 자기주도적으로 성장할 수 있는 기반을 다지게 됩니다.

내재적 보상 2. 특별한 경험을 선물해보세요

ADHD 아이가 이룬 작은 성취를 축하할 때 물질적인 보상 대신 특별한 경험을 선물하는 것이 더 효과적일 수 있습니다. 함께 공원에 가서 놀거나, 특별한 요리를 함께 만들어보는 등 아이와 소중한 시간을 보내는 것은 물질적 보상보다 더 오래 기억에 남고 의미 있는 보상이 됩니다. 아이는 성취가 이런 즐거운 경험으로 이어진다는 것을 확인하고는 자신의 노력에 대한 만족감과 함께 다음 목표에 도전하려는 마음이 생깁니다.

☑ 인정받는 경험도 중요합니다

아이에게는 단순한 물질적 보상보다 자신이 해낸 일에 대해 진심으로 인정받고 자부심을 느끼는 경험이 중요합니다. 특히 학습에 있어서는 자기효능감이 가장 큰 동기부여가 됩니다.

초등 1학년은 받아쓰기 시험을 자주 보기 때문에 저와 아이는 매일의 학습 루틴 안에 받아쓰기 연습을 넣어 정성을 다해 글씨를 쓰는 연습을 꾸준히 이어갔습니다. 그러던 어느 날, 학교에서 애국가를 원고지에 쓰는 과제를 했는데, 제법 글씨를 잘 썼던 아이가 친구들 앞에서 크게 칭찬받는 경험을 했습니다. 그 이후 글씨 쓰기에 자신감을 가진 아이는 이제 제법 긴 글 쓰기도 짜증을 내지 않고 즐거워하며 합니다.

이렇게 아이 스스로 이룬 성과를 주변으로부터 인정받으면 자신의 노력이 가치 있다는 것을 자연스럽게 깨닫게 됩니다. 부모의 칭찬, 함께하는 시간, 성취를 격려하는 특별한 경험 등은 아이의 자존감을 높이고 내면의 동기를 키워주는 강력한 내재적 보상이 될 수 있습니다.

☑ 경험을 성취와 연결 지어 의미 더하기

아이가 칭찬 스티커를 다 모았을 때 손꼽아 기다리던 키즈 뮤지컬을 보러 간 적이 있습니다. 공연을 보고 나오는 길에 "네가 열심히 칭찬 스티커를 모은 덕분에 엄마도 이렇게 멋진 공연을 볼 수 있었어. 정말 고마워."라고 말했더니 무척이나 뿌듯해했습니다. 이렇게 아이가 좋아하는 경험을 아이의 성취와 연결하여 의미를 부여해주세요. 자신의 성취가 즐거운 경험으로 이어졌을 때 더 큰 의미를 느낄 수 있습니다.

☑ 새로운 도전을 함께 시도하세요

아이의 성취에 맞춰 새로운 경험을 함께 시도해보는 것도 좋은 방법입니다. 제 아이는 새로운 운동을 배우거나 특별한 요리를 함께 만들어보는 것을 좋아합니다. 운동이나 요리처럼 아이가 좋아하는 경험을 부모나 형제와 함께 나누면 그 과정이 아이에게 큰 성취감으로 다가옵니다. 그리고 이러한 성취의 기쁨을 더 큰 목표로 확장하면, 아이는 자신의 노력이 더 큰 즐거움과 연결된다는 것을 깨닫고 긍정적인 자기 인식을 키울 수 있게 됩니다.

외재적 동기와 보상 시스템은 행동을 교정하는 초기에는 단기적으로 도움이 될 수 있지만, 장기적으로는 아이가 내재적 동기에서 성취감을 느낄 수 있도록 돕는 것이 중요합니다. ADHD 아이들은 외재적 보상이 분명 효과적이긴 하지만, 어떤 일을 수행했을 때 느끼는 뿌듯함과 자부심, 책임감과 같은 감정을 스스로 경험해봐야 합니다. 따라서 외재적 보상을 적절히 활용하면서 내적 동기를 강화할 수 있도록 지도하는 것이 가장 좋습니다. 아이가 스스로 노력하고 성취했을 때 느끼는 자기효능감은 그 어떤 보상보다 값진 보물이 될 것입니다.

전략적으로 보상 기술 활용하기

ADHD 아이에게 보상을 줄 때는 보상이 너무 자주 제공되지 않도록 신중하게 설계하는 것이 좋습니다. 강화의 원리에 따라 일정한 간격으로 주는 '고정 강화'보다는 불규칙하게 주는 '변동 강화' 방식이 더 효과적일 수 있기 때문입니다. 고정 강화는 보상을 예측할 수 있게 해주지만, 아이가 보상에 의존하거나 점점 더 큰 보상을 요구할 수 있다는 단점이 있습니다. 반면, 변동 강화는 보상 시점이 불규칙적이기 때문에 아이가 더 자발적으로 긍정적인 행동을 반복하게 하는 동기를 제공합니다.

보상 기술 1. 퐁당퐁당 전략으로 보상 활용하기

보상의 시점을 다양하게 하려면 칭찬 스티커처럼 숙제를 끝낼 때마다 보상을 주는 것이 아니라 일단 과제 완수를 칭찬하되 보상 시점을 예측할 수 없게 설정하는 것이 좋습니다. 예를 들어 며칠간은 숙제를 다 마쳐도 칭찬 외에 별다른 보상을 주지 않다가 어느 날 갑자기 "오늘은 그동안 숙제를 꾸준히 해낸 기념으로 보상을 줄게!"라며 작은 선물을 주는 식입니다.

이렇게 보상의 시점을 예측할 수 없게 설정하면 아이는 언제 보상을 받을지도 모른다는 기대감 속에서 자발적으로 숙제를 마치려는 동기를 가지게 됩니다.

보상 기술 2. **다양한 보상 형태 설계하기**

아이에게 보상을 줄 때는 단순히 간격만이 아니라, 보상의 형태를 다양하게 조합하는 것도 중요합니다. 외재적 보상에만 의존하면 보상 없이는 동기를 유지하기 어려워할 수 있기 때문입니다. 그러니 내재적 보상과 외재적 보상을 균형 있게 번갈아 주고 때로는 보상 없이도 스스로 만족감을 느낄 기회를 제공해주면 아이는 외적 보상에만 의존하지 않아도 행동의 즐거움과 가치를 느끼게 됩니다.

☑ 다양한 보상 방식으로 내적 동기 키우기

앞에서 설명한 외재적 보상과 내재적 보상을 섞어서 활용하세요. 예를 들어 1주일 동안 아이와 함께 읽을 책을 아이가 직접 고르게 한 후(자기주도적인 선택 기회 주기) 책 한 권을 읽을 때마다 칭찬스티커를 주다가(구체적인 과제에 즉각적인 보상 주기) 아이가 매일 규칙적으로 책을 읽으면 예고 없이 "그동안 책을 열심히 읽었으니 오늘은 특별히 카페에 가서 함께 책 읽는 시간을 가져볼까?" 하고는 아이와 둘만의 행복한 시간을 보내는 겁니다(특별한 경험 선물하기). 이렇게 하나의 도전 목표에도 적절한 보상 기술을 섞어서 사용하면 아이는 외적 보상에만 의존하지 않고 자신의 행동에서 내적 만족감을 느끼는 법을 배우며, 스스로 동기를 찾는 힘을 키울 수 있습니다.

사회성 기술
- 원만한 상호관계 유지하기

ADHD 아이들에게 필요한 사회성은 무엇일까요? 저는 아이들이 타인과 대화할 때 맥락을 잘 이해하고, 그에 맞는 반응을 통해 소통하는 것이 우선이라고 생각합니다. 모든 사회적 관계는 결국 의사소통에서 출발하기 때문입니다. 하지만 단순히 듣기나 표현 기술 같은 기능적 의사소통을 넘어, 사람들과 원만한 상호작용을 하려면 보다 폭넓은 사회적 소통 능력이 필요합니다.

사회성은 감정, 언어, 인지능력이 종합적으로 결집해야 비로소 발달할 수 있는 복합적인 영역입니다. 대화의 맥락과 분위기를 잘 읽어내려면 상대의 감정과 핵심 메시지를 파악하는 것은 물론 알맞은 언어적·비언어적 표현으로 반응하는 역량이 필요합니다. 그렇다면, ADHD 아이들이 이런 사회적 소통 능력을 기를 수 있도록 돕는 방법에는 무엇이 있을까요?

감정 인식하기 : 나와 타인의 감정을 알아차리기

아이들이 감정을 조절하고 적절하게 표현하려면, 먼저 자신의 감정을 정확히 알아차리는 것이 중요합니다. 아이가 자신의 감정을 인식하는 능력을 키우면, 다른 사람과의 상호작용에서도 더욱 성숙한 대응을 할 수 있습니다. 가정에서 할 수 있는 몇 가지 간단한 훈련 방법을 안내합니다.

☑ 감정 단어 익히기

요즘 아이들은 불편한 감정을 모두 "짜증 나!"라고 표현하는 경우가 많습니다. 지금 자신이 느끼는 감정을 표현할 단어를 몰라서이지요. 그러니 감정을 구체적으로 표현할 수 있는 다양한 어휘를 알려주고, 아이가 일상에서 느끼는 감정을 정확한 단어로 표현하도록 도와주세요. 시중에 판매되는 감정 카드나 감정 표현을 다루는 책을 사용하여 연습하는 것도 좋습니다. 그리고 평소 아이가 자신의 감정을 말로 표현하는 기회를 가질 수 있도록 아이의 감정을 자주 물어보세요. 예를 들어 아이가 '불안해요' 또는 '긴장돼요'와 같이 한 단어로 감정을 표현한다면 "왜 긴장이 되니?"와 같은 추가 질문을 통해 이야기를 이어나가며 아이가 자기 감정을 다양한 감정 단어로 표현하게 도와주세요. 또한 부모가 먼저 다양한 감정을 언어로 표현하는 모습을 보여주면, 아이도 감정의 미묘한 차이를 인식하고 이를 말로 표현하는 법을 자연스럽게 익히게 됩니다.

☑ 내가 그림책 주인공이라면

아이가 자신의 감정을 인식하는 또 다른 좋은 방법은 그림책 속 주인공의 처지에서 상황을 상상해보는 것입니다. 이야기를 읽으며 "네가 주인공이라면 어떤 기분이 들었을 것 같아?" 또는 "이 장면에서 주인공은 어떤 감정을 느꼈을까?"라고 질문해보세요. 주인공의 감정을 탐색하는 과정을 통해 아이는 다양한 감정을 간접적으로 경험하고, 자신의 감정을 더 깊이 이해하게 됩니다. 이때 감정에는 정답이 없다는 사실을 알려주고, 아이의 답이 기대와 다르더라도 다양한 감정을 인정하고 수용하는 태도를 보여주는 것이 중요합니다.

☑ 잠깐 멈추기 훈련

ADHD 아이들은 때때로 흥미 있는 주제에 대해 쉬지 않고 이야기를 쏟아내는 경향이 있습니다. 그러나 상대방의 감정을 알아차리고 이해하기 위해서는 잠시 멈추고 상대의 반응을 살피는 시간이 필요합니다. 그러니 평소 대화할 때 아이가 말을 잠시 멈추고 의도적으로 상대방 표정이나 몸짓을 관찰할 수 있는 시간(30초)을 주세요.

예를 들어 "지금 친구가(엄마가) 어떤 표정을 짓고 있는지 한번 볼래?"라고 질문하거나, "잠깐 멈추고 친구가(엄마가) 뭐라고 말할지 생각해봐."라고 안내해주세요. 이렇게 잠깐 멈추는 연습을 통해, 상대방이 흥미를 잃었다는 신호를 알아차리며 이야기를 조절하는 능력을 키울 수 있습니다.

감정 표현하기 : 언어적, 비언어적 소통의 시작

나와 타인의 감정을 잘 인식하는 것만큼, 자신의 생각을 적절히 잘 표현하는 것도 매우 중요합니다. ADHD 아이들은 관심 있는 주제에 대해서는 이야기꾼이지만, 감정을 읽고 적절하게 표현하는 데는 서툰 경우가 많습니다. 우선 자신의 감정을 말이나 표정으로 표현하는 연습을 통해 타인과의 소통에서 자신감을 얻고, 상황에 맞는 반응을 하는 방법을 더 잘 배울 수 있습니다.

감정 표현 1. **감정을 말로 표현하기**

ADHD 아이들은 자신의 감정을 명확히 표현하는 데 어려움을 겪는 경우가 많습니다. 그러므로 평소 부모와의 대화 속에서 아이가 자연스럽게 감정을 표현하도록 도와주는 연습이 필요합니다.

☑ 감정을 구체적인 언어로 표현하기

아이에게 자신의 감정을 더 구체적으로 표현하는 방법을 가르쳐주세요. 예를 들어 아이가 "엄마 때문에 삐졌어."라고 말할 때, "엄마가 동생하고만 놀아서 외로웠어요."처럼 자신의 상황과 감정을 명확하게 말할 수 있도록 이끌어주는 겁니다. 이 연습을 통해 아이는 자신의 감정을 더 잘 이해하고 표현할 수 있게 됩니다.

☑ 구체적으로 표현했을 때 긍정적인 피드백 주기

아이가 자신의 감정을 구체적으로 표현했을 때는 "네가 지금 어떻게 느꼈는지 잘 말해줘서 고마워."라고 긍정적인 피드백을 주어 감정을 표현하는 것에 자신감을 느끼도록 도와주세요. 이렇게 긍정적인 피드백을 받으면, 아이는 점차 자신을 효과적으로 표현하는 데 익숙해지고, 다른 사람과의 대화에서도 더 성숙하게 소통할 수 있게 됩니다.

감정 표현 2. **감정을 표정으로 표현하기**

ADHD 아이들은 에너지가 넘치는 것처럼 보이지만, 실제로는 뇌의 실행 기능이 효율적으로 작동하지 않아 상황을 처리하는 데 많은 에너지를 소모합니다. 이로 인해 상대방의 표정이나 반응을 재빠르게 읽어내기 어려워하며, 스스로도 표정 변화가 제한되거나 상황에 맞지 않는 표정을 짓기도 합니다. 제 아이도 발달센터에 처음 다닐 당시 '표정이 단조롭다'라는 피드백을 받았습니다. 그렇다면 가정에서는 ADHD 아이들의 이러한 어려움을 어떻게 도와줄 수 있을까요?

☑ 상황에 맞는 표정 찾기 게임

아이와 함께 감정 카드나 그림책 속 등장인물을 활용해 상황에 맞는 표정을 찾아보는 게임을 해 보세요. 예를 들어 감정 카드에서 '화남', '슬픔', '놀람' 등의 카드를 고른 후 "친구가 네 장난감을 실수로 망가뜨렸다면 어떤 표정을 짓게 될까?"라고 질문하며 아이가 그 상황에 맞는 표정을 카드에서 고르는 겁니다. 또 그림책 속 등장인물이 겪는 상황을 함께 읽으며 "이 친구는 왜 이런 표정을 지었을까?"라고 물어보며 아이가 상황과 감정을 연결하도록 돕습니다. 이러한 연습을 통해 아이는 다양한 상황에서 적절한 표정을 지을 수 있고, 타인의 감정 신호를 읽는 능력도 기를 수 있습니다.

☑ 거울 앞에서 감정 표현 연습하기

거울 앞에 서서 다양한 감정을 표정으로 표현하는 시간을 가져보세요. 먼저 부모가 "숙제를 열심히 해서 칭찬 스티커를 받았어. 어떤 표정을 지을까?"라고 물어보고 아이의 얼굴에 기쁨이 어떻게 드러나는지 함께 관찰하는 거예요. 다음으로 "동생이 내가 아끼는 물건을 함부로 만지면 어떤 표정이 될까?"라고 질문하며 부모와 아이가 함께 화난 표정을 지어보는 식으로 연습을 이어가면 좋습니다.

특히, 감정의 단계를 세분화하여 표현하는 것은 감정의 미묘한 차이를 익히는 데 큰 도움이 됩니다. 예를 들어 '살짝 기쁨', '기쁨', '아주 기쁨', '뛸 듯이 기쁨'처럼 감정을 단계별로 나누어 표현해보세요. 거울을 통해 자신의 표정과 몸짓을 직접 볼 수 있게 해주면, 아이는 각 감정이 표정과 몸동작에 어떻게 나타나는지 구체적으로 익힐 수 있습니다.

역지사지 : 사회적 조망수용능력 기르기

고학년이 되면 친구들 간의 상호작용은 더욱 복잡해지고, 서로에게 공감과 지지를 기대하며 깊이 있는 친구 관계를 형성하고자 합니다. 이 시기에 눈치 없는 말이나 행동을 반복한다면, 친구들이 피로감을 느끼며 점차 멀어질 수 있습니다. 사춘기에 접어든 친구들은 정서적 지지와 깊이 있는 교감을 원하는데, 부적절한 농담이나 상황을 가볍게 받아들이는 태도로 인해 관계가 소원해지는 것입니다.

이처럼 친구 관계의 중요성이 커지는 시기에는 사회적 조망수용능력, 즉 타인의 처지에서 생각하는 능력을 기르는 것이 필수입니다. ADHD 아이들은 자기중심적인 경향이 강해 입장 바꿔 생각하는 것을 어려워하는데, 이로 인해 사회적 상황을 객관적으로 이해하고 적절히 반응하는 데 오랜 시간이 걸립니다. 따라서 이 능력을 키워 깊이 있는 관계를 형성할 수 있도록 돕는 것이 중요합니다.

조망수용능력 1. **대화 중 상대에게 질문하며 반응 확인하기**

ADHD 아이들이 대화 중 자신만의 이야기에 빠져드는 것을 방지하기 위해, 상대에게 질문을 던지며 반응을 확인하는 연습을 해 보세요. 예를 들어, 아이가 친구와 대화할 때 "너는 어떻게 생각해?" 혹은 "너는 이런 경험이 있어?"라고 질문을 던지게 하는 겁니다. 이렇게 대화 중간에 상대의 의견을 묻는 연습은 아이가 상대방의 반응을 더 잘 인식하게 하고, 서로의 생각을 존중하며 균형 있는 대화를 이어갈 수 있도록 돕습니다.

조망수용능력 2. 사회적 관계에서 적정 거리와 적정한 선 찾기

ADHD 아이들은 종종 상대방과 적정한 거리를 유지하지 못하고, 상대의 사적인 영역을 침범하기도 합니다. 아이에게 친사회적인 행동을 할 때 상대가 어떻게 느낄지, 반응을 살피도록 유도하세요. 예를 들어 친구와 대화할 때 상대가 한 걸음 뒤로 물러서면 아이도 그 거리를 따라 물러나는 연습을 하게 합니다. 이런 훈련을 통해 아이는 상대의 입장을 이해하고 상대방이 느끼는 감정을 자연스럽게 존중하는 방법을 배울 수 있습니다.

ADHD 아이들에게 사회적 기술을 가르치는 과정은 단기간에 결과를 보기 어렵습니다. 눈치 없는 사교성이나 잦은 말실수는 충동성을 조절하고 자기조절능력, 실행기능이 함께 발전해야 개선될 수 있기 때문입니다. 그러나 ADHD 아이들이 가진 깊은 호기심과 독특한 이야기 전달 능력은 분명한 강점입니다. 꾸준한 연습을 통해 적절한 대화 방식과 상대방을 존중하는 법을 익힌다면 ADHD 아이들은 자신만의 깊은 호기심을 바탕으로 주변 사람들에게 사랑받는 이야기꾼이 될 수 있습니다.

습관의 기술
- 새로운 습관을 만드는 시간

'가랑비에 옷 젖는다.'라는 옛말처럼, 새로운 습관이 형성되기까지는 서서히 스며드는 과정이 필요합니다. 뇌가 기억하고 몸이 자연스럽게 따라 움직일 수 있을 때까지 꾸준한 반복의 시간이 필요한 것이지요. 특히 ADHD 아이들은 아주 사소한 습관조차도 이를 이해하고 실행에 옮기는 과정에서 많은 어려움을 느끼므로 습관을 기르는 데 더 오랜 시간이 필요합니다.

《학습 어려움의 이해와 극복, 작업기억에 달렸다》(한국뇌기반교육연구소)에 따르면, ADHD 아이들은 작업기억을 담당하는 전전두피질의 활성화가 부족해 행동의 단계를 기억하고 실행하는 데 어려움을 겪습니다. 이는 주어진 과제를 계획적으로 처리하거나 일정한 행동을 지속하는 데 방해가 됩니다. 또한, 습관 형성을 지루해하거나 부담스럽게 느끼고, 외부 자극에 쉽게 영향을 받아 한 가지 행동을 꾸준히 이어가는 데 어려움을 느낄 수 있습니다.

ADHD 아이들에게 습관을 형성하는 것은 새로운 배움이며, 행동을 익히기까지 수많은 반복이 필요합니다. 매일의 작은 일도 이들에게는 작은 허들로 느껴질 수 있기에 조급함을 버리고 조금씩 천천히 습관이 될 수 있도록 기다려야 합니다.

좋은 습관 들이기

초등학교 입학을 앞둔 아이들에게는 작은 행동 하나하나가 큰 변화를 이끌어낼 수 있습니다. ADHD 아이들에게는 작업기억력이 부족하여 하나의 행동을 습관화하는 데 오랜 시간이 걸립니다. 좋은 습관을 들이기 위해서는 부모의 꾸준한 지지와 반복적인 연습이 필수입니다. 어떻게 하면 아이의 작은 행동이 쌓여 좋은 습관으로 자리 잡을 수 있을까요?

좋은 습관 들이기 1. 동선을 고려한 연결 앵커링

아이에게 좋은 습관을 들이려면 일상에서 자연스럽게 이어지는 동선을 고려한 행동 세트를 만드는 것이 효과적입니다. 아이가 쉽게 따라 할 수 있는 행동 흐름을 만들고, 이를 반복적으로 연습하면 습관으로 자리 잡을 수 있습니다. 아래 예시를 보고 외출 전후, 일련의 행동들이 동선과 시선에 따라 자연스럽게 이어질 수 있도록 도와주세요.

• 외출 전 : 옷 입고 가방 메기 → 현관문 앞에서 신발 신기 → 가방 속 물통과 준비물을 다시 점검하기 → 거울을 보며 옷매무새와 머리카락을 확인하고, 양말이 짝짝이인지 확인하기 → "다녀오겠습니다."라고 인사한 뒤 현관문을 나서기

• 외출 후 : 현관문을 열고 들어와 "다녀왔습니다."라고 인사하기 → 책가방과 신발주머니는 가방 자리로 지정한 자리(예: 중문 뒤)에 놓기 → 책가방에서 물병을 꺼내 싱크대에 가져다 놓기 → 알림장과 숙제는 책상 위에 올려놓기 → 화장실에서 손 씻기

좋은 습관 들이기 2. **시간을 고려한 연결 앵커링**

아이에게 좋은 습관을 형성할 때는 일정한 시간을 기준으로 행동을 연결하는 것이 효과적입니다. 같은 시간대에 반복되는 행동은 아이가 규칙적인 습관을 더 쉽게 익히게 해주고, 안정감을 느끼도록 돕습니다.

• 아침에 일어나면 → 침구 정리

• 하교 후에 → 책가방 정리하고 물병 꺼내기

• 식사 전에는 → 수저 놓기

• 식사 후에는 → 감사 인사하고, 수저 설거지통에 넣기

• 잠자기 전에 → 방 정리하기

나쁜 습관 줄이기

ADHD 아이들은 순간적인 자극에 민감하고 지루함을 쉽게 느끼기 때문에 "5분만!" 하며 쉽게 TV를 끄지 못하거나 물건을 제자리에 두지 않는 등 나쁜 습관에 빠지기 쉽습니다. 나쁜 습관이 굳어지지 않으려면 효과적인 대체 행동이 필요합니다. 제 아이에게도 큰 도움이 되었던 방법의 하나가 '앵커링(Anchoring)'입니다.

앵커링은 특정 자극이나 행동을 활용해 주의를 현재에 집중시키고 긍정적인 상태를 강화하는 기법입니다. 반복된 자극이 특정 행동과 연결되면 뇌 속에서 강한 신경 연결이 형성되어 자극이 주어질 때마다 자동으로 특정 행동이 나오도록 유도할 수 있습니다. 이 방법은 ADHD 아이들의 충동성을 줄이고 주의력을 보다 효과적으로 집중시키는 데 매우 유용합니다.

나쁜 습관 줄이기 1. **대체 행동 앵커링**

아이의 특정 나쁜 습관을 대신할 대체 행동을 정해 반복적으로 연습하는 방법입니다. 처음에는 어색해하거나 잊어버리기 쉽지만, 매일 꾸준히 연습하면 점차 대체 행동이 습관이 되어 자기 통제력을 키울 수 있습니다.

- 손을 입에 자주 넣는다 → '두 손 깍지 끼기 동작'으로 대체
- 앉아서 다리를 흔든다 → '발바닥을 바닥에 10초 붙이기'로 대체

- 책상을 계속 두드린다 → '손가락을 하나씩 접으며 깊은 숨을 들이쉬고 내쉬기 5회'로 대체
- 연필 끝을 자주 문다 → '스트레스 볼을 손에 꽉 쥐기'로 대체
- 이상한 소리를 낸다 → '입술을 다문 채 코로 크게 숨쉬기 3회'로 대체

충분히 반복했는데도 실패한다고 실망하지 마세요. 중요한 것은 아이가 이 과정을 마음에 새기고, 의식적으로 행동을 바꾸려는 노력을 기울이는 것입니다. ADHD 아이들에게는 이러한 마음가짐을 가지는 것 자체가 큰 도전이자 성과이니까요.

습관도 일관성이 중요합니다

훈육에 일관성이 중요한 것처럼 습관 형성에서도 일관성은 필수입니다. 일관성은 아이가 안정감을 느끼고 행동을 예측할 수 있도록 도와주며, 일관된 태도로 반복하는 과정을 통해 새로운 습관을 쉽게 이해하고 내면화할 수 있습니다. 특히 ADHD 아이들에게는 같은 패턴을 반복하면서 '이럴 땐 이렇게 해야 한다'라는 규칙을 익히는 게 제일 좋은 방법입니다.

따라서 습관을 들일 때는 행동이 장소와 사람에 따라 달라지지 않도록

유의하세요. 예를 들어 제때 자고 제때 일어나는 습관을 들이려면 아이가 조부모님 댁에서 하룻밤을 보내더라도 집에서 지키던 습관을 그대로 유지해야 합니다. 장소가 달라져도 생활 습관을 지속하면 아이는 점차 실행기능이 발달합니다. 다른 아이보다 조금 더 시간이 걸리더라도 이러한 반복적인 경험을 통해 아이는 새로운 습관을 자신의 것으로 받아들이고, 자기 관리 능력 또한 기를 수 있습니다.

물론, 모든 상황에서 항상 똑같은 답을 제시하라는 의미는 아닙니다. 습관 형성은 아이와 함께 만들어가는 하나의 약속과 같기 때문입니다. 습관은 한 번에 형성되지 않지만 일관된 태도로 습관을 형성해 나갈 때, 아이는 예측 가능한 환경 속에서 안정감을 느끼며 자신의 행동을 관리하는 방법을 배울 수 있습니다.

가족의 이해가 아이를 성장시킵니다

남편과 병원에 갈지 상의하던 날, 남편이 뜻밖의 이야기를 꺼냈습니다.

"나 어릴 때랑 똑같은데? 나는 이해가 되는데?"

그 말을 듣고 처음으로 남편의 유년 시절 이야기를 자세히 들었습니다. 과묵했던 이유는 어릴 적 핀잔을 듣고 실수를 두려워하며 말수가 줄어든 것이었고, 어깨를 움직이던 습관도 단순한 버릇이 아니었음을 알게 되었습니다. 남편의 이야기를 통해 저는 아들의 행동을 새로운 시선으로 바라보기 시작했습니다.

그날 이후, 우리 가정은 조금씩 변화해 갔습니다.
남편과 저는 병원에서 받은 피드백을 함께 나누고, 아이를 돕는 방법을 나누며 치료 과정을 함께했습니다. 남편은 자신의 경험을 바탕으로 아들에게 더 따뜻하게 다가가려 노력했습니다. 아들이 충동적으로 장난을 치거나 예상치 못한 행동을 할 때, 예전 같으면 꾸짖을 상황에서도 남편은 이렇게 말하곤 했습니다. "아빠도 어릴 때 이런 적 많았어. 하지만 노력해보자." 이 말은 아들에게 자신이 이해받고 있다는 안도감을 주었고, 스스로를 긍정적으로 바라볼 힘을 길러줬습니다. 아이의 변화를 보며 저희 부부는 다시 한 번 부모의 역할이 얼마나 중요한지 깨달았습니다.

이처럼 가정에서의 따뜻한 응원과 이해는 ADHD 아이가 성장하는 데 가장 중요한 토대가 됩니다. 억울함을 자주 느끼고 부정적인 피드백에 민감한 ADHD 아이들은 부모의 공감과 격려를 통해 자신을 마주하고 극복할 힘을 얻습니다. 저희 부부의 작은 변화와 노력이 아이의 큰 변화를 이끌어준 것처럼, 부모의 태도는 아이의 성장에 결정적인 영향을 미칩니다.

하지만 ADHD는 '천의 얼굴'이라는 표현처럼 매우 다양한 증상으로 나타납니다. 제 아이는 주의력 결핍과 과잉행동-충동성 유형이 모두 나타나는 복합형 ADHD였지만, 조용한 ADHD라고 불리는 주의력 결핍형 ADHD는 외적으로 산만함이 드러나지 않아 부모나 교사가 알아차리기 어렵습니다. 이로 인해 적절한 치료 시기를 놓치면 아이는 사춘기를 맞아 더 큰 어려움에 부딪힐 수 있습니다. 그렇기에 늦지 않게 도와주어야 합니다. 특히 초등학교 저학년은 치료 효과가 높은 시기로, 이 시기에 적극적으로 개입하면 아이의 사회성과 정서 발달에 긍정적인 영향을 줄 수 있습니다.

이미 초등학교 고학년이라도 늦었다고 생각할 필요는 없습니다. 외려 지금이라도 빠른 치료를 할 수 있어서 다행이라고 생각하세요. 이 시기에는 부정적인 피드백과 실패 경험이 쌓여 자신감을 잃고 소외감을 느끼기 쉽습니다. 사춘기와 맞물리면 자존감 저하나 우울감으로 이어질 위험이 커지지만, 부모의 세심한 관심과 지원은 여전히 큰 변화를 가져올 수 있습니다. 아이가 학교생활을 통해 자신감을 잃지 않고 자신의 강점을 발견하며 성장할 수 있도록, 부모는 작은 목표를 세우고 성장하는 경험을 통해 아이가 자기효능감을 느끼게 도와야 합니다.

단순한 관심을 넘어 구체적인 실천도 중요합니다. 책에서 소개한 집에서의 7가지 기술을 하나씩 실천해보세요. 대화, 표현, 훈육, 칭찬, 보상, 사회성, 습관 형성 등은 가정에서도 충분히 연습할 수 있는 기술입니다.
예를 들어, 아이가 스스로의 감정을 정확하게 인식할 수 있도록 말을 건네고, 아이가 감정을 자연스럽게 표현할 수 있는 기회를 만들어주세요. 훈육 과정에서는 사전 규칙 설정과 간결하고 단호한 지시를 통해 과잉행동을 낮추고, 적은 노력과 성취에도 칭찬과 보상을 적절히 제공하여 성취감을 느끼게 해주세요. 또한, 친구와의 소통에서 필요한 사회적 기술을 연습하거나, 새로운 습관을 형성할 때는 짧고 구체적인 목표를 설정해 함께 연습하며 격려해주는 것도 중요합니다. 이러한 실천은 아이가 마주하는 문제를 극복하며 스스로를 긍정적으로 바라볼 힘을 키울 든든한 토대가 될 것입니다.

제가 이러한 경험을 통해 깨달은 것은 부모의 따뜻한 관심과 지지가 아이에게 스스로를 긍정하고 세상 속으로 나아가는 힘을 준다는 것입니다. 어느 날 아들이 “엄마, 학교가 좋아요.”라고 말했을 때, 제게는 이 말이 단순히 학교에 적응했다는 기쁨을 넘어 더 깊은 울림을 주었습니다.

ADHD 아이를 키우고 있다면 남보다 뛰어난 성적이나 특별한 재능 같은 ‘눈에 띄는 성과’를 기대하기보다는 아이가 자존감 있게 존중받는 사람으로 성장하는 것을 목표로 삼아야 합니다. 경쟁에서 앞서는 것보다 스스로를 사랑하고 자신감을 키워가는 과정이야말로 진정한 성공의 밑거름입니다.

“괜찮아요. 거의 다 왔어요.”

이 한마디가 지금 터널 속을 걷고 계신 모든 부모님께 따뜻한 불빛이 되기를 바랍니다. 잊지마세요. 부모의 따뜻한 사랑과 이해 속에서 아이는 자신만의 가치를 깨닫고 성장의 힘을 얻습니다.

부록

마음과 생각이 자라는 30일 그림책 읽기

어린이 긍정 확언, 30일 필통글 메시지

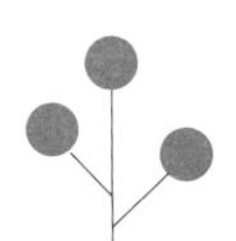

마음과 생각이 자라는 30일 그림책 읽기

ADHD 아이의 학교생활에 도움이 되는 그림책이니 입학 전에 아이와 함께 읽어보세요.

연번	분야		책 제목 / 내용
1	학교		**두근두근! 나는 초등학교 1학년** / 다카하마 마사노부 글, 하야시 유미 그림, 피카주니어 초등학교라는 새로운 세계를 앞둔 아이에게, 아이의 눈높이에 맞춰 세상과의 약속을 알려주는 그림책이에요. 설렘을 안고 하루에 하나씩 학교생활을 준비해보세요.
2	학교		**컬러 몬스터, 학교에 가다** / 아나 예나스 글 그림, 청어람아이 컬러몬스터가 학교에 간대요. 학교는 사나운 동물들이 우글대는 곳이래요. 우당탕 실수투성이 컬러몬스터이지만 다행히도 표정이 밝네요. 컬러몬스터의 하루 속으로 들어가볼까요?
3	학교		**헉! 오늘이 그날이래** / 이재경 글 그림, 고래뱃속 여러분은 학교 가기 싫은 날이 있었나요? 집마다 학교 가기 싫은 아이들 때문에 개학일 아침, 대소동이 한창입니다. 그런데 선생님도 그렇대요. 선생님과 아이들은 학교에서 만날 수 있을까요?
4	학교		**오싹오싹 거미 학교** / 프란체스카 사이먼 글, 토니 로스 그림, 살림어린이 입학을 앞둔 케이트는 학교를 떠올리면 오싹오싹 겁이 난대요. 고릴라 선생님이 기다리고, 점심으로는 뱀과 거미가 반찬으로 나온대요. 과연 케이트가 가게 되는 진짜 학교는? 두구두구!
5	학교		**가정 통신문 소동** / 송미경 글, 황K 그림, 위즈덤하우스 비둘기 초등학교에 새로 부임한 교장 선생님은 특이한 가정 통신문을 보내요. 놀이공원에서 놀이기구 타고 사진 찍기, 아이와 함께 컴퓨터 게임 세 시간 이상 하기라니, 이거 정말 이상하지 않나요?
6	학교		**잘했어, 쌍둥이 장갑!** / 유설화 글 그림, 책읽는곰 소문난 말썽꾸러기 쌍둥이 장갑! 심한 장난 때문에 친구들이 잔뜩 화가 나버렸어요. 하지만 쌍둥이 장갑도 속으론 친구들과 어울리고 싶답니다. 과연 쌍둥이 장갑은 친구들의 마음을 되돌릴 수 있을까요?
7	학교		**오늘은 칭찬 받고 싶은 날!** / 제니퍼 K. 만 글 그림, 라임 벤슨 선생님은 칭찬 받을 친구 이름 옆에 별을 그려주십니다. 로즈는 문제도 풀고 발표도 했지만, 간식을 엎지르고 책상은 엉망이 되었네요. 오늘 로즈는 별을 받을 수 있을까요?

연번	분야		책 제목 / 내용
8	학교		**진짜 일 학년 책가방을 지켜라! / 신순재 글, 안은진 그림, 천개의바람** 오늘은 필통, 내일은 알림장, 모레는 신발주머니…. 심지어 책가방까지 잃어버린 1학년 방준수! 아빠와 함께 물건 지키기에 도전합니다. 과연 준수의 좌충우돌 물건 지키기 프로젝트는 성공할 수 있을까요?
9	학교		**괜찮아, 우리 모두 처음이야! / 이주희 글 그림, 개암나무** 도윤이는 입학을 앞두고 설렘보다 두려움이 더 큽니다. 1학년 담임 선생님도, 도윤이 엄마도 각자 새로운 시작에 대한 걱정이 가득하죠. 처음이라 두렵지만, 설렘이 함께하는 그 순간! 한 발 내디뎌 볼까요?
10	학교		**틀려도 괜찮아 / 마키타 신지 글, 하세가와 토모코 그림, 토토북** 집에서는 이야기꽃을 피우고, 유치원에서는 발표도 척척 하던 아이지만, 학교라는 새로운 환경에서는 괜히 주눅이 들 수 있습니다. 처음이라 두려워도, 틀려가며 성장하는 아이의 모습을 응원해주세요!
11	감정		**감정을 안아 주는 말 / 이현아 글, 한연진 그림, 한빛에듀** 이럴 땐 어떻게 말해야 할까요? 내가 느끼는 감정을 색깔로 표현하며, 지혜롭게 말하는 방법을 배울 수 있어요. 내 마음의 주인은 바로 나. 내 감정을 스스로 다독이며 안아 주는 연습을 시작해볼까요?
12	감정		**감정 호텔 / 리디아 브란코비치 글 그림, 책읽는곰** 날마다 다양한 감정들이 호텔 손님처럼 찾아옵니다. 방 크기도, 머무는 시간도 모두 제각각이지요. 마음속 감정들이 편히 쉬어갈 수 있는 곳, 감정 호텔에 오신 것을 환영합니다!
13	감정		**거울책 / 조수진 글 그림, 반달** 내 감정을 알아야 다른 사람의 감정도 이해할 수 있어요. 감정 표현이 서툰 아이에게 거울로 마음을 들여다보는 시간을 선물해보세요. 소통의 첫걸음을 내딛는 따뜻한 시작이 될 거예요.
14	감정		**졌다! / 이은서 글, 홍그림 그림, 책읽는곰** "나는 절대 질 수 없어. 뭐든 내가 1등이야!" 승부욕 넘치는 정현이의 이야기는 진정한 승리가 무엇인지 떠올리게 합니다. 실패를 받아들이고 다시 도전하는 정현이. 그게 진짜 멋진 승리가 아닐까요?
15	감정		**가만히 들어주었어 / 코리 도어펠드 글 그림, 북뱅크** 테일러의 공든 탑이 와르르 무너졌습니다. 닭, 곰, 코끼리는 조언만 하고 떠났지만, 토끼는 조용히 옆에 앉아주었지요. "나, 다시 만들어볼까?" 함께 있어 주는 것만으로도 큰 위로가 될 수 있다는 걸 알게 됩니다.

연번	분야		책 제목 / 내용
16	감정		**내 방에서 잘 거야!** / 조미자 글 그림, 한솔수북 준이에게 드디어 '내 방'이 생겼지만 "내 방에서 잘 거야!"라는 외침이 점점 작아지는 이유는 무엇일까요? 아이의 마음을 단단하게 만드는 비결, 준이네 가족 이야기에서 찾아봐요!
17	자존감		**브로콜리지만 사랑받고 싶어** / 별다름·달다름 글, 서영 그림, 키다리 아이들이 싫어하는 채소 1위에 뽑힌 브로콜리. 사랑받는 친구들 모두 따라 하기 대작전! 왜 아무 소용없을까요? 브로콜리는 사랑받을 수 있을까요?
18	자존감		**완두** / 다비드 칼리 글, 세바스티앙 무랭 그림, 진선아이 완두는 학교에 가면서 자신이 작다는 걸 알게 됐어요. 하지만 불평 대신 이렇게 외칩니다. "작으면 어때! 난 내가 좋아!" 마음이 쑥쑥! 완두의 이야기, 함께 귀 기울여 볼까요?
19	자존감		**슈퍼 거북** / 유설화 글 그림, 책읽는곰 느리지만, 나다운 게 가장 편하고 좋은 거죠. 엄마도 아이도 서로를 존중하고 인정해주기로 해요. 거북이는 거북이답게, 토끼는 토끼답게, 나는 나답게!
20	자존감		**이게 정말 나일까?** / 요시타케 신스케 글 그림, 주니어김영사 숙제와 심부름, 방 청소가 귀찮은 지후는 자신과 똑같은 로봇을 사기로 합니다. 하지만 로봇은 주인님인 지후에 대해 더 자세히 알아야 한다고 하는데요. 과연 로봇은 지후를 완벽히 대신할 수 있을까요?
21	가족		**엄마 가슴 속엔 언제나 네가 있단다** / 몰리 뱅 글 그림, 열린어린이 울며 매달리는 아이를 떼어놓고 출근하는 워킹맘. 온종일 아이 생각으로 하루를 보내는 엄마처럼, 아이도 같은 마음일 텐데요. 오늘은 아이에게 엄마의 마음을 살짝 전해보는 건 어떨까요?
22	가족		**가족은 꼬옥 안아 주는 거야** / 박윤경 글, 김이랑 그림, 웅진주니어 엄마랑 아빠는 어떻게 결혼했어요? 동생이 태어나면 더 커질 수도 있는 가족. 연준이의 시선으로 가족이 만들어지는 과정을 따라가며 그 소중함을 느껴요. 우리 아이들에게 가족이란 어떤 의미로 다가올까요?
23	가족		**터널** / 앤서니 브라운 글 그림, 논장 여동생은 방에서 놀기를 좋아하고, 오빠는 밖에서 뛰어노는 걸 좋아해요. 티격태격하던 둘은 엄마의 말에 억지로 함께 밖에 나가게 되죠. 우연히 발견한 터널, 오빠를 따라 들어간 동생이 마주한 놀라운 이야기!

연번	분야		책 제목 / 내용
24	가족		**나의 가족, 사랑하나요?** / 전이수 글 그림, 주니어김영사 일상 속 가족과의 경험을 따뜻한 시선으로 그려낸 그림책. 가족의 의미와 범위를 다시 생각하게 만드는 깊은 울림이 있습니다. 우리 아이와 함께 가족이란 무엇인지 이야기 나눠볼까요?
25	공동체		**달라도 친구** / 허은미 글, 정현지 그림, 웅진주니어 얼굴, 성격, 취향, 가족, 장애, 인종까지 모두 다른 우리들. 들판의 꽃들처럼 그냥 다를 뿐, 있는 모습 그대로 친구가 될 수 있어요. '달라도 친구'라는 따뜻한 깨달음을 아이와 함께 나눠보세요.
26	공동체		**할머니의 식탁** / 오게 모라 글 그림, 위즈덤하우스 할머니의 스튜 냄새가 마을 곳곳에 퍼지며 이웃들이 모였습니다. 냄비는 텅 비었지만, 이웃들의 작은 선물과 따뜻한 마음으로 행복이 가득했습니다. 아이와 함께 나눔의 가치를 생각해볼까요?
27	공동체		**모두를 위한 케이크** / 다비드 칼리 글, 마리아 덱 그림, 미디어창비 공평하다는 것은 무엇일까요? 오믈렛을 원했던 생쥐와 친구들이 함께 의견을 모아 케이크를 만들고 과정을 나눕니다. 완성된 케이크를 나누며 관계와 우정을 배우고, 세상을 이해하는 따뜻한 이야기를 만나보세요.
28	시간 개념		**1분이면…** / 안소민 글 그림, 비룡소 시계 속 1분에서 우리의 일상 속 시간까지! 감정에 따라 달라지는 시간의 속도를 느끼며, 시간의 소중함을 배울 수 있습니다. 아이와 함께 가장 소중한 1분을 어떻게 보낼지 생각해볼까요?
29	문제 해결		**웅덩이를 건너는 가장 멋진 방법** / 수산나 이세른 글, 마리아 히론 그림, 트리앤북 우리의 삶에도 크고 작은 웅덩이들이 있지요. 한 소녀가 웅덩이를 건너기 위해 찾아내는 기발한 방법들. 그 과정을 통해 문제를 마주하는 지혜를 함께 배워볼까요?
30	언어		**고구마구마** / 사이다 글 그림, 반달 가지각색 모양의 고구마 군단! 어떻게 먹어도 정말 맛있구마! 웃음과 재치가 넘치는 고구마 친구들의 잔치 속으로! 아이와 함께 신나는 말놀이의 세계로 떠나볼까요?

어린이 긍정 확언, 30일 필통글 메시지

나는 실수해도
다시 도전할 수 있어.

나는 혼자가 아니야.
항상 사랑받고 있어.

나는 나의 힘을 믿고,
스스로를 응원해줄 거야.

나는 나의 실수를 통해
더 성장할 수 있어.

나는 친구의 이야기를
잘 들어주는 사람이야.

나는 내 자신을 존중하고
소중하게 여길 거야.

나는 선생님과 친구들에게
존중받는 아이야.

나는 가족과 함께 있을 때
행복을 느껴.

나는 새로운 과목도
재미있게 배울 수 있어.

나는 내가 잘하는 것에
집중하고 발전하고 있어.

나는 오늘도 스스로를
믿고 나아가고 있어.

나는 작은 실수도
내 모습으로 받아들일 거야.

있는 그대로의
내 모습이 멋져.

나는 어떤 상황에서도
나답게 행동할 수 있어.

나는 가족을 존중하고,
사랑을 표현해.

 나는 내 하루를 즐겁게 채울 거야.	 나는 오늘 새로운 친구와 인사할 용기가 있어.	 나는 친구들을 친절하게 대하고 있어.
 나는 오늘도 기분좋게 하루를 보낼 거야.	 나는 나만의 방법으로 문제를 해결할 수 있어.	 나는 오늘도 긍정적인 생각으로 가득차 있어.
 나는 내 의견을 표현할 용기가 있어.	 나는 내가 가진 특별한 능력을 자랑스러워해.	 나는 사랑받을 자격이 충분히 있는 아이야.
 나는 날 도와주는 사람들에게 항상 감사해.	 나는 사랑을 주고받는 가족이 있어서 자랑스러워.	 나는 매일 새롭게 배우고 있어.
 나는 문제를 해결할 수 있는 힘을 가지고 있어.	 나는 다른 사람의 의견을 존중할 줄 아는 아이야.	 나는 세상에 하나뿐인 특별한 존재야.